设施农业实用技术知识普及丛书

温室大棚果树安全种植技术

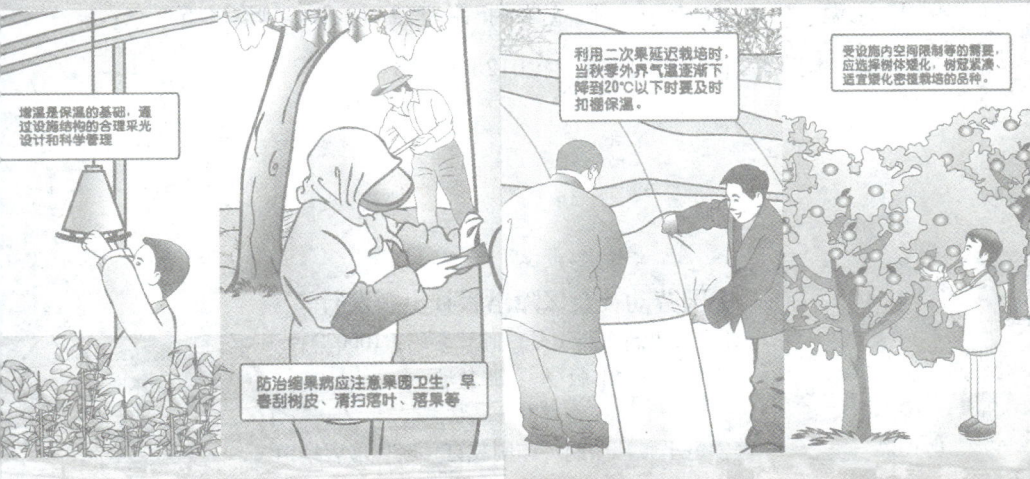

WENSHI DAPENG GUOSHU ANQUAN ZHONGZHI JISHU

■ 科技部中国农村技术开发中心 组织编写

李政红 主编 张 辉 主审

中国劳动社会保障出版社

图书在版编目(CIP)数据

温室大棚果树安全种植技术/李政红主编. —北京：中国劳动社会保障出版社，2012
（设施农业实用技术知识普及丛书）
ISBN 978-7-5045-9624-6

Ⅰ.①温… Ⅱ.①李… Ⅲ.①果树-温室栽培 Ⅳ.①S628.5

中国版本图书馆 CIP 数据核字（2012）第 073484 号

中国劳动社会保障出版社出版发行

（北京市惠新东街1号 邮政编码：100029）
出 版 人：张梦欣

*

中国铁道出版社印刷厂印刷装订 新华书店经销
880 毫米×1230 毫米 32 开本 10.25 印张 204 千字
2012 年 4 月第 1 版 2015 年 7 月第 5 次印刷
定价：25.00 元

读者服务部电话：010-64929211/64921644/84643933
发行部电话：010-64961894
出版社网址：http://www.class.com.cn

版权专有 侵权必究
举报电话：010-64954652
如有印装差错，请与本社联系调换：010-80497374

设施农业实用技术知识普及丛书编委会

主　任	贾敬敦
副主任	孙晓明　吴飞鸣　黄卫来
编　委	白启云　胡燡华　李凌霄　林京耀　孟燕萍
	张　富　张　辉　黄　靖　熊明民　刘莉红
	袁会珠　吴崇友　杨志强　肖红梅　汪海峰
	黄安胜　张永升　郑大玮　赵宪军　李树君
	赵有斌　张　燕　龚道枝　齐遵利　陈海江
	王世光　白卫滨　梅盈洁　夏立江　林　洪
	董　兵　孙　磊　程　立

本书编写人员

主　编	李政红
副主编	陈海江　胡燡华
参　编	陈海江　李政红　张学英　邱　葆　胡淑明
主　审	张　辉

内容简介

设施果树种值是一种高度集约化经营的生产方式，经济效益较高，是露地生产效益的 2～5 倍。但是设施果树生产技术性强，一些关键的技术不容易掌握，导致设施栽培风险性大，失败率高。为了满足广大果树种植者对设施果树栽培知识学习的迫切愿望，我们编写了本书。主要内容包括：设施果树发展概况、果树生产的设施类型、果树设施环境条件调控、设施果树生长发育调控及桃、杏、李、樱桃、草莓、葡萄、枣等主要落叶果树设施安全生产技术。

本书吸纳了国内外最新科技成果，同时将编著者多年来积累的知识和经验融入其中，力求全面、通俗、实用，为广大读者提供较为理想的普及性技术资料。

前　言

党的"十七大"明确指出,解决好农业、农村、农民问题,事关全面建设小康社会的大局,必须始终作为全党工作的重中之重。当前,我国农业正处于从数量型向数量与质量效益型并重转变的新阶段,发展有中国特色的现代农业、建设社会主义新农村成为当前农业农村工作的重要任务,而加强农村人才队伍建设,把农业发展方式转到依靠科技进步和提高劳动者素质上来是根本,培养一批能够促进农村经济发展、引领农民思想变革、带领群众建设美好家园的农业科技人员是保证,培育一批有文化、懂技术、会经营的新型农民是关键。

为更好地在农村普及科技文化知识,树立先进思想理念,倡导绿色健康生产生活方式,中国农村技术开发中心组织相关领域的专家,从农业生产安全、农产品加工与运输安全、农村生活安全等热点话题入手,编写了"新农村热点话题科普常识系列丛书",首批推出的7本图书中《农业生产安全基本知识》《农机具安全使用知识》《农药安全使用知识》《农村气象灾害与防御知识》《农村生活安全基本知识》《农产品加工与运输安全知识》入选2010—2011年和2012年《农家书屋重点出版物推荐目录》,取得了良好的社会效益。此次新推出"新农村建设村务管理工作指导丛书""农产品加工与经营知识普及丛书""设施农业实用技术知识普及丛书"三个系列的15种图书。丛书编写采用讲座和讨论等形式，通俗易懂、图文并茂、深入浅出地介绍了大量普及性、实用性的农村实用知识和技能。希望这些丛书能够为广大农民朋友、农业科技人员、农村经纪人和农村基层干部提供一批良好的学习材料，增加科技知识，强化科技意识和环保意识，为安全生产、健康生活起到技术指导和咨询作用。

丛书在编写过程中得到了中国农业机械化科学研究院、中国包装和食品机械总公司、中国农科院环境与可持续发展研究所、中国农业大学食品科学与营养工程学院、河北农业大学、中国海洋大学、浙江农林大学等科研院校众多专家的大力支持。参与编写的专家倾注了大量心血，付出了辛勤的劳动，将多年丰富的实践经验奉献给读者。主审专家投入了大量时间和精力，提出了许多建设性的意见和建议，特此表示衷心感谢。

由于编者水平有限，时间仓促，书中恐有不妥之处，衷心希望广大读者批评指正。

编委会

二〇一二年一月

目 录

第一讲　设施果树概况 //1

　　话题1　设施果树生产概述 //1
　　话题2　设施果树栽培的主要形式 //3
　　话题3　设施果树栽培的特点 //7
　　话题4　我国设施果树生产存在的问题 //11

第二讲　果树生产设施的类型 //17

　　话题1　塑料大棚的类型与建造 //17
　　话题2　塑料薄膜日光温室的类型与建造 //25
　　话题3　农用塑料薄膜的选择及应用 //31

第三讲　设施果树环境条件及调控技术 //36

　　话题1　光照条件及调节 //36
　　话题2　温度条件及调节 //40
　　话题3　湿度条件及调节 //45
　　话题4　二氧化碳浓度及调节 //48
　　话题5　有毒（害）气体及调节 //54

第四讲　设施果树生长发育的调控 //57

　　话题1　设施果树生长发育的特性 //57
　　话题2　设施果树栽培品种的选择技术 //63

话题3　果树休眠与解除//67
　　话题4　树体控制技术//74
　　话题5　提高设施果树坐果率及品质的技术//81
　　话题6　隔年结果和大小年调控//85
　　话题7　肥水管理及病虫害防治技术//87
第五讲　设施桃安全生产技术//91
　　话题1　设施桃树生长发育规律//91
　　话题2　适宜设施栽培的优良品种//97
　　话题3　设施桃园的规划与建设//111
　　话题4　设施桃树管理技术//117
第六讲　设施杏安全生产技术//129
　　话题1　设施杏树生长发育规律//129
　　话题2　适宜设施栽培的优良品种//135
　　话题3　设施杏园的规划与建设//139
　　话题4　设施杏树管理技术//143
第七讲　设施李安全生产技术//153
　　话题1　设施李树生长发育规律//153
　　话题2　适宜设施栽培的优良品种//159
　　话题3　设施李园的规划与建设//164
　　话题4　设施李树管理技术//169
第八讲　设施樱桃安全生产技术//179
　　话题1　设施樱桃生长发育规律//179
　　话题2　适宜设施栽培的优良品种//186

话题 3　设施樱桃种植规划与建设 // 195
话题 4　设施樱桃管理技术 // 202

第九讲　设施草莓安全生产技术 // 211
话题 1　设施草莓生长发育规律 // 211
话题 2　适宜设施栽培的优良品种 // 218
话题 3　设施草莓栽培技术 // 228
话题 4　设施草莓管理技术 // 233

第十讲　设施葡萄安全生产技术 // 241
话题 1　设施葡萄生长发育规律 // 241
话题 2　设施栽培优良品种 // 250
话题 3　设施葡萄的规划与建设 // 259
话题 4　设施葡萄的安全生产管理 // 268

第十一讲　设施枣安全生产技术 // 286
话题 1　设施枣生长发育规律 // 286
话题 2　适宜设施栽培的优良品种 // 295
话题 3　设施枣园的规划与建设 // 303
话题 4　设施枣树安全生产管理 // 308

第一讲　设施果树概况

话题 1　设施果树生产概述

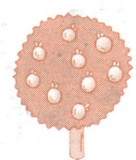
设施果树

设施果树栽培是指在外界环境条件不适宜果树生长的季节或地区，利用温室、塑料大棚或其他保护设施，通过改变或控制果树生长发育的环境条件，改变果树生产的物候期，调节果实上市时间，使单位面积产量、品质和效益大幅度提高的一种特殊果树栽培方式。

设施果树栽培是果树生产的发展方向之一，是我国农业产业化的一个重要组成部分，已是"两高一优"农业新的增长点，在农业生产和国民经济发展中，具有重要作用。

　**小资料**

◆ 欧洲设施果树栽培较多的国家有荷兰、比利时和意大利等。

◆ 亚洲以日本设施果树最为发达，其栽培面积和产量在1997

温室大棚果树安全种植技术

> 年之前均居世界首位，1997年以后我国设施果树栽培面积和产量超过日本，居世界首位。
>
> ◆ 设施栽培的树种很多，除板栗、核桃、梅、寒地小浆果等少数树种外几乎所有树种都尝试过设施栽培。但目前有一定规模的树种主要有草莓、葡萄、桃、樱桃、柑橘、杏、李、枣、无花果、猕猴桃、石榴、芒果、菠萝、枇杷等。

设施作物比例

各类设施作物的比例如图1—1所示。

● 在园艺作物中，设施蔬菜种植已经非常广泛，占设施作物总种植面积的80%以上。

● 果树是多年生作物，多为木本或藤本，树体高大，有多年的栽培效益，因此，设施栽培有一定的难度和风险，起步晚，发展较慢。

● 随着果树矮化密植栽培广泛用于生产，果品淡季供应的高额利润及人们对绿色果品的需求，使果树设施栽培成为新兴产业之一。近年来，我国北方落叶果树的设施栽培发展十分迅速。

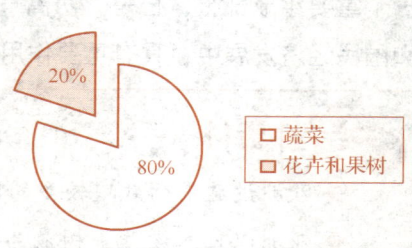

图1—1 设施作物比例

 **专家提示**

目前，我国设施生产中仍以蔬菜生产为主，设施果树比例小，尚有发展空间。但设施果树是高投入、高效益、高风险的产业。因此，发展栽培应注意以下问题：

◆ 设施果树栽培技术性强，风险性大，各级政府、业务部门在引导和果农自发发展设施果树时，一定要加强技术培训和学习，不可盲目发展。

◆ 结合当地的条件，在专家的指导下选准树种、品种和栽培形式。

◆ 要充分考虑设施果树结果的季节性和果实的不耐储运性。

◆ 要清醒认识设施果树市场的价格定位。

◆ 要规模发展，搞产业化经营。

话题  设施果树栽培的主要形式

 **保护地促成栽培**

利用日光温室、塑料大棚进行早熟栽培，是设施果树栽培的主要形式。目前，我国东北、华北地区的桃、杏、李、樱桃、葡萄、草莓

等设施栽培主要为促成提早成熟形式，果实成熟期一般比露地栽培早20～60天。图1—2所示为塑料大棚樱桃促成栽培。

图1—2　塑料大棚樱桃促成栽培

 **保护地延迟栽培**

保护地延迟栽培是通过选用晚熟或极晚熟品种，控制其开花和果实发育进程，实现果实延迟成熟上市，如保田雪桃、中华寿桃延迟栽培及宣化牛奶葡萄、盖州红地球葡萄的延迟栽培均为此模式。近年来，葡萄二次结果延迟栽培、桃早熟品种二次结果延迟栽培正引起关注。桃、

杏等早熟品种的早秋强制休眠、晚秋开花结果延迟栽培也获得了成功。

防护栽培

防护栽培是利用相对开放式的设施防除不良环境条件,提高果实品质和产量,减少果品损失。主要有防雹栽培、避雨栽培、遮阳栽培、防风栽培、防病虫及鸟兽危害等。图1—3所示为葡萄避雨栽培、图1—4所示为防雹栽培。

图1—3 葡萄避雨栽培

图1—4 防雹栽培

小资料

目前,我国设施果树栽培主要采用日光温室和塑料大棚等早熟栽培形式,少量的有延迟栽培。近年来防护栽培、特别是长江流域地区避雨栽培发展较快。

温室大棚果树安全种植技术
WENSHI DAPENG GUOSHU ANQUAN ZHONGZHI JISHU

近年来防护栽培、特别是长江流域地区避雨栽培发展较快。

话题 3　设施果树栽培的特点

错季生产、周年供应鲜果

在设施条件下，通过人为控制环境条件来满足果树生长发育的需要，不仅可使一部分果树提早成熟或延后采收，还可使一些果树四季结果，全年供应。既解决了水果淡季供应问题，又满足了消费者对水果的需求。例如，桃、杏、李、樱桃促成栽培可提早上市1～2个月，葡萄、桃延迟栽培可在元旦至春节期间供应市场，草莓可实现四季供应。

能够充分利用土地资源和劳动力

在人工控制环境的条件下，设施栽培不受季节限制，一年四季都能生产，一些果树，如葡萄、草莓一年可结果2～3次，这样就可使土地利用率提高一倍左右。除此以外，设施栽培还可利用温室空间进行立体生产，使有限的土地资源得到充分利用。还可以充分有效地利用庭院、墙边、沟沿、坡地等小块土地。由于设施栽培冬季可以生产，

温室大棚果树安全种植技术
WENSHI DAPENG GUOSHU ANQUAN ZHONGZHI JISHU

能充分利用冬春农闲的劳动力和一些闲散人员，变冬闲为冬忙，有利于改善农村的社会治安和促进精神文明建设。

预防自然灾害，扩大果树种植区域

在南方地区，可利用设施，进行遮阳、避雨栽培，克服炎热多雨给果树生产带来的危害；在北方地区，冬春季可提高温度，防止果树花芽、枝条受冻或遭受风害，利用保护措施，人为控制果树的生长环境，可以使一些热带和亚热带果树向原产地以北迁移，使温带果树向寒带地区迁移，扩大了果树的种植区域。

高密度栽植，立体化栽培，集约化管理，实现早期丰产和高效益

设施内高密度栽培，集约化精细管理，合理间作套种，立体化栽培，充分利用时间、空间、土地，实现早结果、早丰产、早受益、品质优、效益高的目标。目前，草莓、葡萄、桃、杏等树种可实现当年定植，翌年达到 1 000～2 500 kg/667 m² 的高产量，比露地提早1～2年进入丰产期。葡萄与西葫芦、桃可与草莓等套种，实现立体化栽培。

 **利用保护设施，提高果实品质，生产无公害果品**

由于生产环境的相对封闭，一般情况下，果树保护地栽培的病虫害发生少、频度低，有利于生物和人工防治。设施栽培利用保护地环境条件可以人为调节的特点，创造更有利于果树生长发育的条件，从而提高果实品质，生产出更优质的果品。设施内果实生育期延长，单果重较大；昼夜温差大，呼吸消耗少，在保证充足的光照条件下，可溶性固形物提高、果面光洁、色泽艳丽。

 **专家提示**

与露地栽培相比，设施栽培大大减少了喷药的数量与次数，为生产无公害绿色高档果品奠定了基础，也是绿色果品生产的重要途径。

栽培形式多样，可以综合利用

我国果树生产设施大都采用传统的蔬菜保护地设施，有的略加改造。这类设施以竹木、砖土结构为主，尽管设施简单，抗风、雪等性能差，但投入低，符合目前果农的经济状况和中国园艺植物设施栽培的特点。有些地方也建立一些自动化控制的大型设施，但由于价格昂贵，运行成本过高，难以在生产中得到广泛应用。果树大棚、温室面积可大可小，可充分利用地形及庭院空地。根据经济状况，棚室结构可繁可简，不拘一格。目前，大多数树种，如桃树、杏树、李树、中国樱桃、葡萄等保护地果树既可实现当年定植、当年促花、当年扣棚、翌年见效的"速成生产"，又可借助于成龄树体，随扣随收。

高投入、高风险、高效益

● 设施果树栽培是一种高度集约化经营的生产方式。保护地栽培投入高，主要表现在设施成本、苗木等生产资料成本、技术成本较高，特别是技术性强。目前，技术体系还不健全，还存在一些关键的技术和理论问题，如需冷量与休眠解除、不同生育期环境因子控制、花芽分化等没有解决，很多技术问题都是套用露地管理经验。如果某些关键环节出现问题，就会带来很大的风险。因此，要求较高的技术投入，并且重视技术，才能在一定程度上规避风险。

● 设施果树栽培是以淡季供应水果为主要目的，通过调节成熟期，可使水果提早或延迟上市。同露地栽培相比，尽管投资较大但仍具有较高的经济效益。近年来，由于栽培面积的扩大，尤其是重数量轻质量的生产方式导致保护地果品质量较低，虽然影响了市场价格，致使种植效益下降，但仍是露地生产效益的2～3倍。

实例

◆ 1995年河北省滦县棚室葡萄平均产值3～5万元/667 m²，是露地栽培效益的5倍以上。

◆ 2004年山东临朐保护地甜樱桃在3月底、4月初上市时售价高达200～400元/kg。

◆ 2000年山东省诸城市的棚室凯特杏4月份上市时价格高达30～60元/kg。

◆ 2007—2010年，河北省乐亭县设施栽培的春雪桃，亩产2 000～3 000 kg，平均售价15～30元/kg。

话题 4 我国设施果树生产存在的问题

设施果树生产中存在的问题

近年来，我国设施果树栽培有了较快的发展，但由于在

温室大棚果树安全种植技术
WENSHI DAPENG GUOSHU ANQUAN ZHONGZHI JISHU

设施栽培基本理论、标准化技术体系及关键技术创新配套、产业化水平等方面还存在许多问题，制约了设施果树栽培产业的进一步发展。目前，存在的问题及发展方向主要有以下几个方面。

● **总体技术含量不高，缺乏完善的配套技术体系** 我国设施果树基础理论及技术体系研究缺乏系统化，研究的深度和广度都很有限。无论是设施类型和结构，还是栽培管理技术，多以生产经验为主，缺乏量化指标和成套技术，总体上技术含量不高，不能满足现代化设施果树生产的需要，生产潜力远未得到充分发挥。因此，要加大基础理论研究力度，以高产、优质、高效为目标，系统构建设施果树栽培的理论和适合不同品种、区域、栽培模式的规范化技术体系，为设施果树产业健康发展奠定理论和技术基础。重点解决的技术体系包括：休眠解除技术、果实成熟期调控、花芽分化与性器官发育调控、不同生长期环境条件控制、开花坐果与果实品质控制、采后越夏与越冬管理技术、树体大小及大小年克服等。

● **丰富的树种品种资源未得到开发利用，缺乏设施栽培专用品种** 目前，我国设施果树栽培主要集中在草莓、葡萄、桃、杏、李等几个树种，而日本等国设施栽培的树种达到50余种。我国有着丰富的果树资源，因此开发利用温带、热带、亚热带丰富的果树资源，拓展设施果树产业具有广泛的前景。在栽培品种上，日本、荷兰、以色列、韩国等设施农业发达国家非常重视设施专用品种的选育，为设施栽培提供具有耐低温、高温、高湿、弱光照等多种抗性，早产、丰产、优质的专用种苗。而我国目前设施栽培的品种主要从现有生产品种中选用，缺乏系统的比较和筛选，品种应用较为盲目，增加了生产风险。因此，选育、引进和系统筛选适合设施栽培的品种资源及矮化砧木是设施栽培的重要方向。

● **设施类型结构与性能不能与果树生长发育特性相适应**　目前，由于缺乏果树专用设施性能指标的研究，生产中没有专用的设施，大多数设施仍旧沿用蔬菜大棚的结构，以日光温室和塑料大棚为主。这些设施虽然结构简单、成本低、投资少、保温性能好，但存在着明显的缺陷，如空间利用率低、光照不良、分布不均、操作费时、费力、抗性差、抵抗自然灾害能力低。因此，必须研究适合我国国情的、用于设施果树生产的专用设施结构参数，建立和完善适合果树生产的设施结构、材料及功能控制体系。

● **生产模式及生产经营产品单一，市场资源开发利用不足，市场竞争激烈**　目前，我国设施果树生产基本上是采用早熟促成栽培模式，只有少量延迟栽培，销售所产果品是主要的获利方式。栽培的树种、品种主要是桃、李、杏、葡萄、草莓、樱桃、枣等的早熟和极早熟品种，上市时间比较集中，市场竞争激烈，生产效益迅速下降。因此，各地应找出自身的生态优势，研究开发和推广相适应的栽培模式、生产技术、产品形式和经营渠道，开发并占领属于自己的市场领域，如开发反季节果树盆景、设施观光、采摘等，满足多领域、多层次的消费需求。充分利用市场资源，拓宽经营与获利渠道，化解市场风险，创造高额的社会经济效益。

● **生产规模小，产业化水平低，产业体系不完善** 目前，我国设施果树生产经营方式以个体农户为主，规模小而分散，劳动生产率不及发达国家的1/10，工艺水平较低，产品质量不高，市场开发不足，制约了产业化进程。然而市场是发展产业的关键，设施果树作为劳动密集型和科技密集型相结合的一个重要的果树业分支，具有明显的资源和环境优势以及市场需求潜力。因此要在各级政府支持和引导下，通过果树工作者的努力和龙头企业的带动，促进规模化生产基地的发展。同时要基地建设与市场建设并重，国内市场与国际市场并重，建立适合我国实际情况的产、供、销联合体。实现设施果树资源的选引育、优质大苗繁育、技术和信息交流服务、产业化多点示范、农资供应、生产管理、产后处理、经营销售等一体化发展，加快产业化步伐。

设施果树生产的发展趋势

● 栽培的面积、规模将进一步扩大。

● 高效节能的简易日光温室、冷棚将继续成为主要设施类型，设施结构也将日趋合理。

● 以高产、优质、高效为目标，进一步改进和提高栽培管理技术。

● 发挥区域生态优势，采用最佳生产模式，开发并占领属于自己的消费市场。

● 开展规模型基地建设，拓宽生产经营渠道，开拓国内外市场，满足多层次消费需求。

> **专家提示**
>
> 我国北方大部分地区秋季冷凉，冬季日照充足，适宜多种落叶果树的设施促成栽培和延迟栽培。

温室大棚果树安全种植技术
WENSHI DAPENG GUOSHU ANQUAN ZHONGZHI JISHU

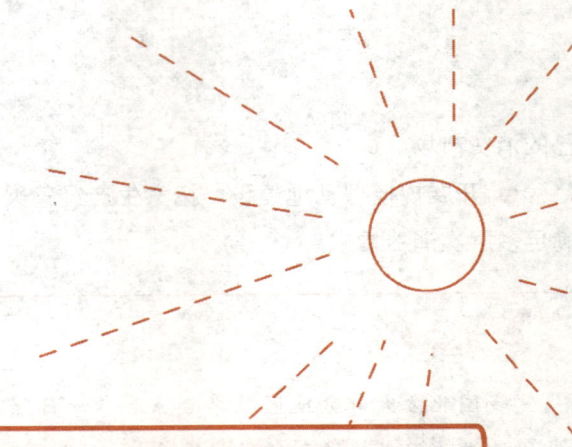

我国北方大部分地区秋季冷凉，冬季日照充足，适宜多种落叶果树的设施促成栽培和延迟栽培。

第二讲　果树生产设施的类型

园艺设施有很多类型，我国设施果树生产的设施类型以日光温室为主，塑料大棚为辅。多数果树耐寒性强，植株高大。因此，果树设施通常比同类蔬菜设施高大，对保温、增温的要求较低。

话题 1　塑料大棚的类型与建造

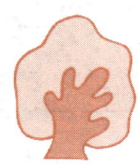
塑料大棚及其作用

1. 塑料大棚及其特点

● 塑料大棚是跨度在 6 m 以上，高度在 1.8 m 以上，有拱形骨架，四面无墙体，采用塑料薄膜覆盖的栽培设施。

● 建造容易、使用方便、投资较少，随着塑料工业的发展，目前已被世界各国普遍采用。

2. 塑料大棚的作用

塑料大棚能充分利用太阳能，有一定保温作用，并且可在一定范围内调节棚内的温度和湿度。在我国北方地区，塑料大棚主要起到春提前和秋延后的保温栽培作用，一般春季可提前 20～35 天，秋季可延后 20～25 天，很难进行越冬栽培。

3. 塑料大棚的分类

我国地域广阔，气候环境复杂，各地塑料大棚的类型各式各样。

● 塑料大棚按覆盖形式可分为单栋大棚和连栋大棚两种。

● 塑料大棚按棚顶形式可分为拱圆形塑料大棚和屋脊形塑料大棚两种（见图 2—1）。拱圆形塑料大棚对建造材料要求较低，具有较强的抗风和承载能力，是目前生产中应用最广泛的类型；屋脊形塑料大棚对材料要求较高，但其内部环境比较容易控制。

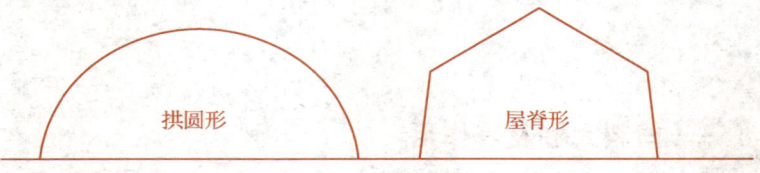

图 2—1　拱圆形塑料大棚和屋脊形塑料大棚

常用拱圆形塑料大棚有简易竹木结构塑料大棚、悬梁吊柱竹木拱架塑料大棚、焊接钢结构塑料大棚、镀锌钢管装配式塑料大棚和连栋大棚等几种形式。

简易竹木结构塑料大棚的建造

● **结构参数**　竹木结构的塑料大棚是我国最早出现的塑料大棚，

其具体形式在各地区不尽相同，但其主要参数和棚形基本一致或相似。常用大棚一般跨度 8～12 m、长度 50～60 m、肩高 1.2～1.5 m、脊高 2.0～3.2 m（见图 2—2）。

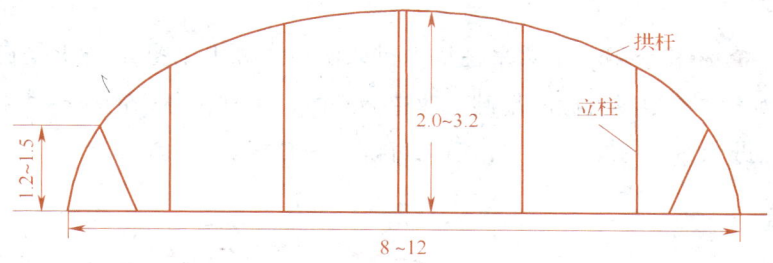

图 2—2　竹木结构塑料大棚（单位：m）

● **操作要点**　竹木结构的塑料大棚建造比较简单，按棚宽（跨度）方向每隔 2 m 设一根立柱。立柱粗 6～10 cm，顶端形成拱形，地下埋深 50 cm，垫砖或绑横木，夯实，将竹片固定在立柱顶端成拱形，两端加横木埋入地下并夯实。拱架间距 1 m，并用纵拉杆连接，形成整体；拱架上覆盖薄膜，拉紧后，膜的端头埋在四周的土里，拱架间用压膜线或 8 号铁丝、竹竿等压紧薄膜即可。

● **优点**　这种结构的优点是取材方便，各地可根据当地实际情况，用竹子或木头都可；造价较低，建造较为容易。

● **缺点**　由于整个结构承重较大，棚内起支撑作用的立柱过多，使整个大棚内遮光率高，光环境较差；且整个棚内空间不大，作业不方便，不利于农业机械的自动化操作；材料使用寿命短，抗风载雪性能差。

 **悬梁吊柱竹木拱架塑料大棚的建造**

● **结构参数** 悬梁吊柱竹木拱架塑料大棚（见图2—3）是在简易竹木结构塑料大棚的基础上改造而来的，中柱由原来的1~1.1 m一排改为3~3.3 m一排，横向每排4~6根。

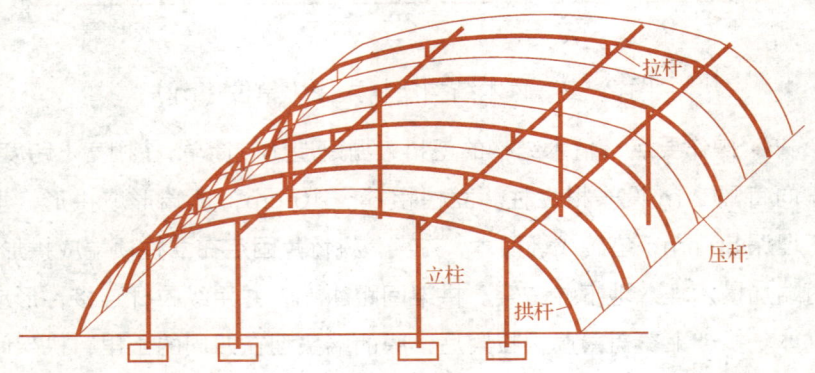

图2—3 悬梁吊柱竹木拱架大棚（单位：m）

● **操作要点** 用木杆或竹竿作纵向拉梁把立柱连接成一个整体，在拉梁上每个拱架下设立一立柱，下端固定在拉梁上，上端制成骨架，统称"吊柱"。

● **优点** 悬梁吊柱大棚的优点是减少了部分支柱，大大改善了棚内的光环境且仍具有较强的抗风载雪能力，造价较低。

焊接钢结构塑料大棚的建造

● **结构参数** 焊接钢结构塑料大棚是利用钢结构代替木结构，拱架是用钢筋、钢管或两种结合焊接而成的平面桁架，上弦用 $\phi 12\sim 16$ mm 钢筋或6英寸管，下弦用 $\phi 12\sim 14$ mm 钢筋，纵拉杆用 $\phi 8\sim 10$ mm 钢筋。跨度 $10\sim 12$ m，脊高 $2.5\sim 3.5$ m，长 $30\sim 60$ m，拱间距 $1\sim 1.2$ m。

● **操作要点** 纵向各拱架间用拉杆或斜交式拉杆连接固定形成整体。拱架上覆盖薄膜，拉紧后用压膜线或8号铁丝压膜，两端固定在地锚上（见图2—4）。

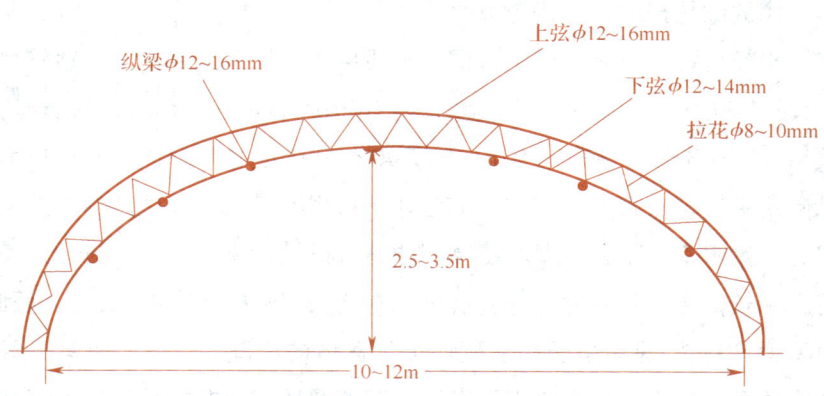

图2—4 焊接钢结构塑料大棚

● **优点**　与竹木结构的塑料大棚相比,这种结构的塑料大棚承重力有所增加,骨架坚固,无中柱,棚内空间大,透光性好,作业方便。

● **缺点**　这种骨架在塑料大棚高温、高湿的环境下容易腐蚀,需要涂刷油漆防锈,每1~2年需涂刷一次,比较麻烦。如果维护得好,使用寿命可达6~7年;另外,有些钢结构焊接需要在现场焊接,对建造技术要求较高。

镀锌钢管装配式塑料大棚的建造

● **结构参数**　镀锌钢管装配式塑料大棚是近几年发展较快的塑料大棚的结构形式,棚内空间大(见图2—5),棚结构不易腐蚀,所有结构都是现场安装,施工方便。一般果树栽培宜选用提高型镀锌钢管装配结构大棚,采用φ28 mm、φ32 mm,厚1.5 mm的镀锌管,顶高3.2~3.5 m,肩高1.8 m,长度40~60 m,拱架间距0.5~1 m,纵向用纵拉杆(管)连接固定成整体。可用卷膜机卷膜通风、保温幕保温、遮阳幕遮阳和降温。提高型塑料大棚结构牢固,装拆方便,使用寿命长,冬季密封性能好,抗风载雪能力强,棚体空间大,土地利用率为85%。提高型塑料大棚增加了棚体的高度、宽度,提高了风窗的高度、宽度,从而改善了高温季节的通风状况并增强了抗风载雪的能力。

温室大棚果树安全种植技术
WENSHI DAPENG GUOSHU ANQUAN ZHONGZHI JISHU

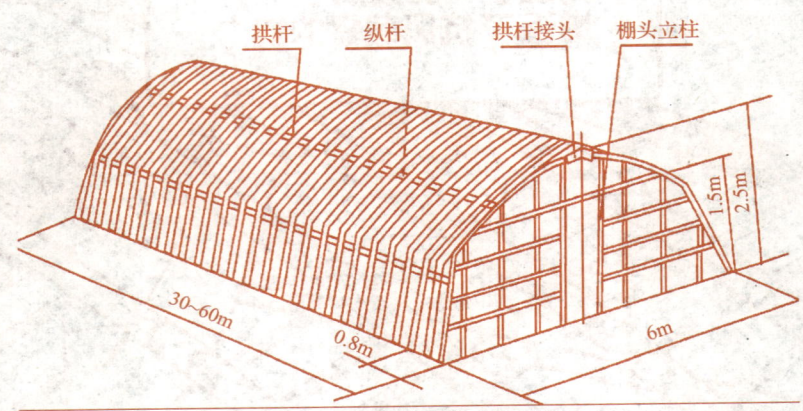

图2—5 镀锌钢管装配式塑料大棚

● **操作要点** 镀锌钢管装配的拱杆、纵向拉杆、端头立柱均为薄壁钢管,并用专用卡具连接形成整体,所有杆件和卡具均采用热镀锌防锈处理。

● **优点** 这种材料的塑料大棚继承了钢架结构和钢筋混凝土结构塑料大棚的优点,而且这种大棚是工厂化生产的工业产品,已形成标准、规范的多种系列类型。装配式镀锌薄壁钢管大棚为组装式结构,建造方便,并可拆卸迁移,棚内空间大、遮光少、作业方便,有利作物生长;构件抗腐蚀、整体强度高、承受风雪能力强,使用寿命可达15年以上。

 **连栋大棚**

● **结构特点** 连栋大棚是由两栋或两栋以上的单栋大棚连接而

成(见图2—6)。目前,随着规模化、产业化经营的发展,有些地区也将原有的单栋大棚向连栋大棚发展。连栋塑料大棚质量轻、结构构件遮光率小,土地利用率达90%以上。在设施果树栽培中,利用已有露地成龄果园进行保护地生产时,由于树体高大,果树成片,面积大,一般多采用连栋大棚。例如,烟台地区设施樱桃栽培多利用连栋大棚,并对骨架结构加固,四周和拱面加保温被或草苫,以提高其保温效果。

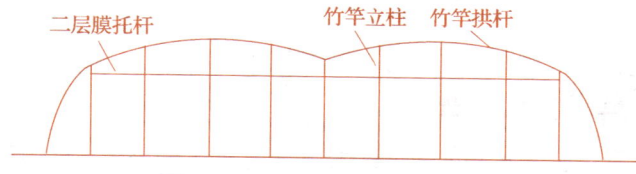

图2—6 竹木连栋塑料大棚

● **优点** 棚体大,保温性能好,土地利用率高。

● **缺点** 通风性能较差,棚内容易出现高温、高湿,容易发生病虫害,两栋的连接处易漏水等。

话题 2 塑料薄膜日光温室的类型与建造

塑料薄膜日光温室特点

1. 日光温室及其特点

● 日光温室是我国北方冬季应用的主要保护地设施,三面围墙,屋脊高2.5～4.5 m，跨度6～12 m，其热量来源主要依靠太阳。

● 由于各地的气候条件、栽培习惯和技术来源等不同，形成了具有各自特点的结构类型和利用方式。

2. 日光温室的类型

目前，用于果树生产的主要是半拱圆形日光温室，规格有单跨和双跨两种屋面类型，后墙和后屋面的结构主要为短后坡高后墙。

 **单跨日光温室**

1. 结构类型及参数

日光温室后坡长度1.5～2.0 m，水平投影1.2～1.8 m，后墙高度1.8～2.5 m，脊高2.8～4.5 m，跨度6～10 m。代表类型有半拱圆形屋面的冀优Ⅰ型和冀优Ⅱ型日光温室，立窗式屋面的瓦房店日光温室等。

● **冀优Ⅰ型日光温室** 跨度6.5 m、脊高2.8 m左右，前屋面半拱圆形（见图2—7）。

● **冀优Ⅱ型日光温室** 冀优Ⅱ型日光温室也是半拱圆形前屋面。与冀优Ⅰ型相比，只是跨度加大，脊高增加（见图2—8）。跨度为8 m以上，脊高3.6 m以上。

● **瓦房店立窗式日光温室** 脊高3 m左右，跨度6.5 m左右，前屋面为一面坡式（见图2—9）。

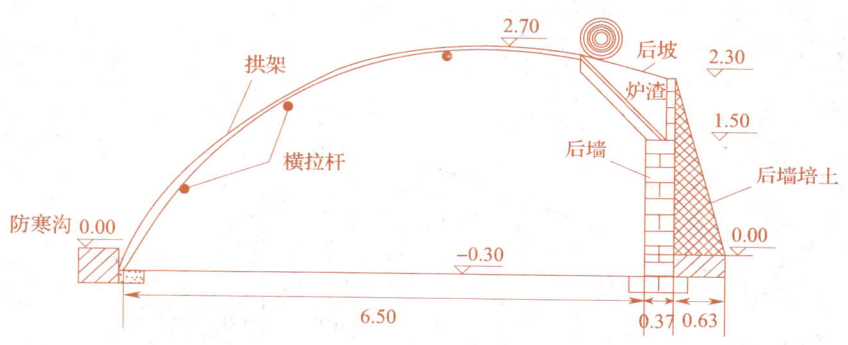

图2—7 冀优Ⅰ型日光温室（单位：m）

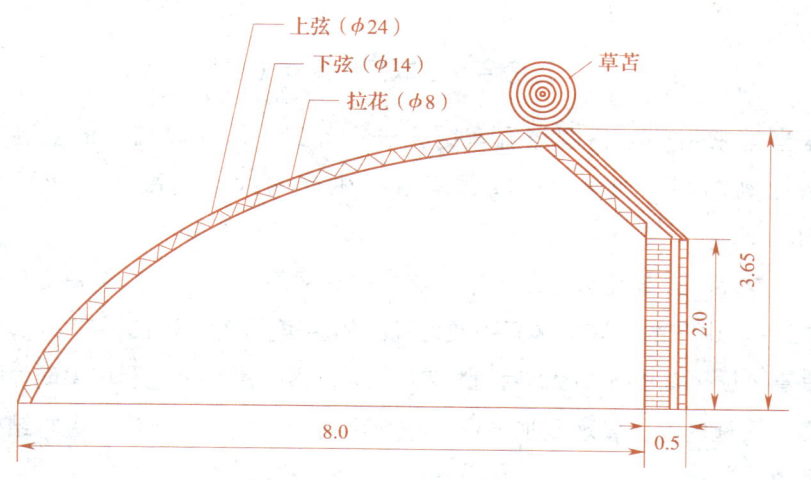

图2—8 改良冀优Ⅱ型日光温室（单位：m）

2. 应用及改造

● 目前，设施果树生产中多采用半拱圆形结构日光温室。可依

温室大棚果树安全种植技术

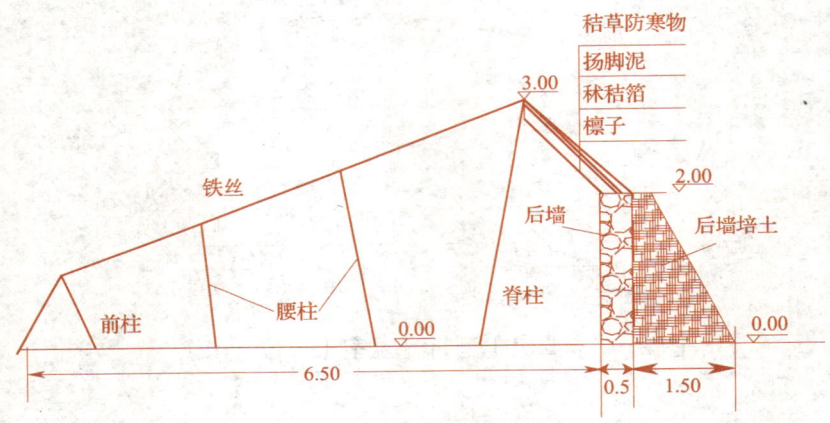

图 2—9　瓦房店立窗式日光温室（单位：m）

据当地常用的半拱圆形温室结构进行改良，即在原结构的基础上按比例加高、加宽，形成适宜果树生产的大空间高效节能型结构。

● 目前，设施果树栽培常用温室的跨度为 8～10 m，脊高 3.5～4.2 m。山东的一些地区采用更为高大的温室，跨度为 10～12 m，脊高 4.0～4.8 m。改进后的温室空间大，透光率和土地利用率明显提高，设施内操作管理更加方便。各地可结合当地气候条件，进行结构调整。

● 一般高纬度、寒冷地区温室高度、跨度可适当缩小，墙体要相应加厚或采用保温性好的异质复合墙体；低纬度、冬季较温暖地区，温室高度、跨度可适当加大。

 ## 双跨半拱圆形日光温室

双跨日光温室造价低,但保温性较差,可用于北方落叶果树早春促成栽培、晚秋延迟栽培(见图2—10)。为了克服在特殊天气条件下极端低温对果树生长发育的伤害,可在中部和后墙设置临时加温装置,后墙还可采用夹心砖墙,夹层填充保温材料。

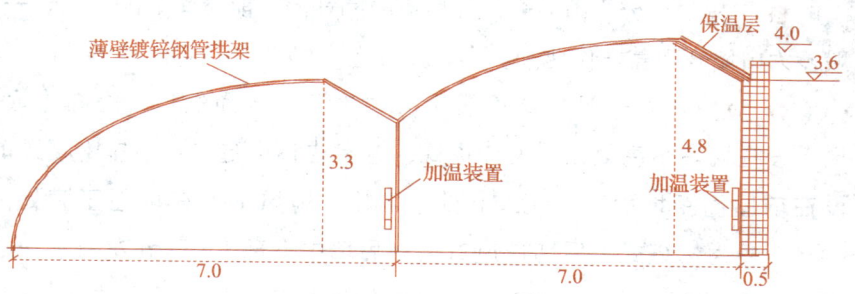

图2—10 双跨日光温室(单位:m)

 ## 建造日光温室应注意的问题

● **温室群规划** 温室为东西向,可稍向东或向西倾斜,但不超

过 10°。前后温室间距一般以冬至前后太阳高度角最小时前后排温室不遮阴为准。一般要达到日光温室脊高的 2.2 倍左右。东西两侧一般间隔 4～6 m。

● **筑墙**　生产中温室墙体主要为土墙、砖墙、空心砖墙。

土墙主要有草泥垛墙、干打垒、袋装垒。注意上下宽度差，确保墙体稳定。秋季打墙应早进行，在结冻前基本风干。墙体厚度为当地冻土层的 1.5～3 倍。

砖石墙分为实心墙、空心夹层墙、内或外砖包墙等，墙体厚 50～60 cm，夹心层填充保温材料。

● **进出口**　分为山墙开门，后墙中间开门，前屋面下部开门。一般多为山墙开门盖一作业间。

● **放风口**　一般前屋面设上、中、下三排通气口。上排（顶风）设在温室最高处，可设成窗式、烟囱式和扒缝式。中排（腰风）设在前屋面距地面 1～1.2 m 处。下排（地风）设在地面压膜处。中、下多为扒缝式。后墙通风口设在后墙中上部（1.5 m 左右），一般 2～3 m 留一个直径 30～40 cm 的通气口，可采用窗式或陶管式。

● **防寒沟**　寒冷地区在温室前挖一条深 40～60 cm，宽 30～40 cm 的防寒沟，沟内既可填干草、碎秸秆或保温材料，也可铺衬薄膜后再填保温材料。填土踏实，高出地面 5～10 cm。

● **采光保温覆盖**　采光材料宜选用长寿无滴膜，保温材料多用草苫、防寒被等。

话题 3 农用塑料薄膜的选择及应用

 **农用塑料薄膜类型**

目前农业生产中采用的塑料膜主要有聚氯乙烯（PVC）薄膜、聚乙烯（PE）薄膜、乙烯—醋酸乙烯（EVA）多功能复合薄膜。

1. 聚氯乙烯薄膜

● 以聚氯乙烯树脂为主原料加入适量的增塑剂（增加其柔性）制作而成，许多产品还添加光稳定剂、紫外线吸收剂以提高耐候性和耐热性，添加表面活性剂以提高防雾效果。同时，一些薄膜还具有选光和强保温功能，其保温性比聚乙烯薄膜和 EVA 薄膜要好。

● 聚氯乙烯薄膜的缺点是容易发生增塑剂的缓慢释放以及吸尘现象，使得聚氯乙烯薄膜的透光率下降迅速，缩短使用年限。

2. 聚乙烯薄膜

● 由低密度聚乙烯树脂或线型低密度聚乙烯吹制而成，除作为地膜外，也广泛作为外覆盖和保温多重覆盖使用。

● 与聚氯乙烯薄膜相比，聚乙烯薄膜具有密度小、幅宽和覆盖比较容易、吸尘少、无增塑剂释放等优点，而且使用一段时间后，透光率下降要比聚氯乙烯薄膜低。

● 但聚乙烯薄膜对紫外线的吸收率较聚氯乙烯薄膜要高,容易引起聚合物的光氧化而加速薄膜的老化,使用寿命要比聚氯乙烯薄膜短。

3. 乙烯—醋酸乙烯多功能复合薄膜

● 以乙烯—醋酸乙烯共聚物为主要原料添加紫外线吸收剂、保温剂和防雾滴助剂等制造而成的多层复合薄膜。

● 具有质轻、使用寿命长(3～5年)、透明度高、防雾滴剂渗出率低等优点,保温性显著高于聚乙烯薄膜,也克服了聚氯乙烯薄膜比重大、幅窄、易吸尘和耐候性差的缺点,具有很好的应用前景。

温室、大棚的扣膜

1. 扣膜前的准备

● 首先是要清棚,将温室或大棚内地面上的枯枝败叶、杂草清扫出去。

● 其次是要检修棚架,注意结构是否牢固、有无铁丝头等尖锐物体伸出架外,最好将绑接铁丝的地方用布条或草绳缠好,以免铁丝划破棚膜。

● 最后根据温室或大棚的大小,将棚膜粘好,并准备好压膜线。

2. 扣膜

● 设施的扣膜要选择无风或微风的暖和天气进行。一般温室棚膜按上、下通风口的宽度把整个前坡薄膜分成三块（两小一大）。大棚棚膜分成下部的围裙膜和整个骨架上部的一大块棚膜。

● 扣膜时，一般先上围裙膜，把围裙膜下缘埋入土中，上缘卷上细竹竿用铁丝绑在温室或大棚的骨架上。也可烙出一条串绳筒，穿入细绳，紧固在大棚或温室两端。然后顺大棚或温室的延长方向把粘好的顶膜，从棚迎风侧向顺风侧由下至上拉开（对于日光温室，将膜从下至上拉开），注意把薄膜拉紧，拉正，不出皱褶，绷紧，顶膜两侧要搭在围裙膜外面，搭叠 30～40 cm，最后在两拱杆之间上压膜线，绷紧后绑在地锚上。

● 对于管架大棚或温室，应在卡膜槽中上好卡簧。大棚两端的棚膜被拉紧后埋入土中，并留出门的位置。温室两侧的薄膜要卷上 3～5 根细竹竿，然后牢牢地钉在两侧的山墙上。温室顶部的一条薄膜固定在后坡上，前缘与中间大膜搭叠 20 cm 左右，以备通顶风。

> **专家提示**
>
> 买农膜选农膜，要记住四个字：看、摸、拉、查。
>
> ◆ **一看** 所谓看，就是看农膜外观是否光滑，有无污点，有无裂痕，透明度好不好。

◆ **二摸** 所谓摸，就是把农膜抓在手里捏一捏是否柔软，有没有弹性。柔软有弹性、质感比较厚的农膜一般质量不错。

◆ **三拉** 所谓拉，就是尝试着把农膜拿在手里拉一拉，拽一拽，拉的相对越长说明韧性越好。

◆ **四查** 所谓查，就是查看生产是否规范，生产工艺、设备技术是否优良，包装是否符合国家要求，厂址、电话、商标等信息是否齐全，更重要的是售后服务要好。同时，要买到好农膜还必须综合考虑透光、保温、耐老化、流滴和消雾的因素。

安全生产提示

发展绿色农业，要使用符合国家标准规定的合格农用塑料薄膜产品，其中环保产品的要求包括有害物质的含量限制和易回收性。

目前国际上对塑料中主要有害物质的限制种类及含量有：（1）铅含量≤5 mg/kg，镉含量≤5 mg/kg，汞含量≤5 mg/kg，六价铬含量≤5 mg/kg；（2）多溴联苯（PBB）≤5 mg/kg，多溴联苯醚（PBDE）≤5 mg/kg。

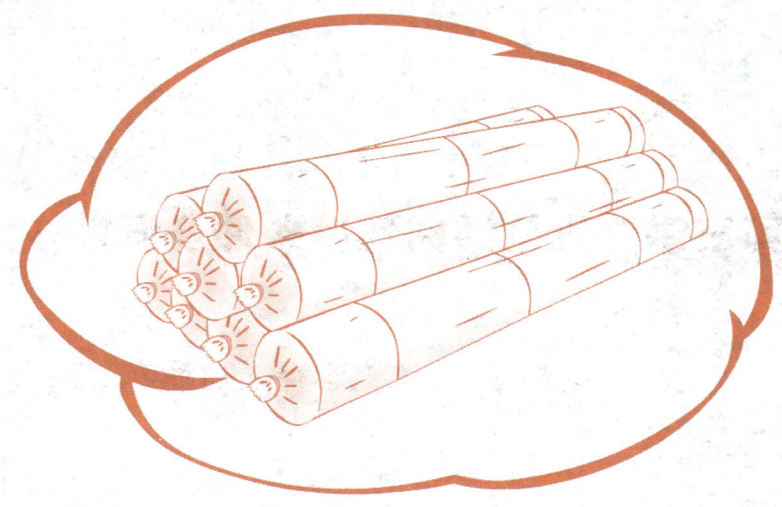

第三讲　设施果树环境条件及调控技术

话题 1　光照条件及调节

光照条件

- 设施中光照包括光照时数、光照强度、光质、光照分布等，除受自然光照影响外，也受设施结构、方位、覆盖材料及管理技术的影响。
- 光照时间、光照强度主要取决于季节、纬度及天气变化。
- 设施内是微域小气候，植株枝叶茂盛，植株的遮阴使通风透光较差，光照强度较低。
- 一般情况下，光照强度仅为自然条件下光照强度的60%～70%，必须采取相应的技术措施，提高棚内光照质量，促进叶片的光合作用。
- 设施内的光照条件主要通过改进设施结构、改进管理措施、遮光以及人工补光等手段来调控。

 **光照状况的调节**

1. 改进设施结构

● 选择场地空旷，阳光充足的场地。在东、南、西三个方向没有遮阴物的地方，在早晨能够早见阳光，白天日照时间长，室内能够获得较充足的光照。场地应该平坦，而且坡向朝南比较有利，坡度不宜大于10°，选择场地应考虑交通方便但尽可能远离交通要道，防止灰尘污染。

● 设计合理的屋面坡度和屋面形状，主要设计好后屋面仰角、前屋面与地面交角、屋面形状和后坡长度，既要保证透光率高、保温好，还要防风、防雨（雪）、排雨（雪）水顺畅。

● 在保证设施结构强度的前提下，骨架材料尽量用细材，少设立柱或取消立柱，以减少骨架遮阴。透明覆盖材料应选用透光率高、防雾滴、耐老化性强等优质多功能薄膜。

2. 加强设施和植株管理

● 经常清扫塑料薄膜屋面的外表面，保持透明屋面干净清洁；内表面通过放风等措施减少结露，防止光的折射；雪后及时清除积雪。

● 在保温前提下，尽可能早揭晚盖内外保温覆盖物，增加光照时间；安装机械卷帘设备，缩短揭放苫所用时间；在阴天或雪天，揭开不透明的覆盖物，增加散射光的透光率。

● 在保证设施后墙蓄热增温的前提下，后墙涂白或张挂反光幕，可使反光幕前光照增加 40% 左右，有效范围达 3 m；地面进行地膜覆盖增加地表反射光，改善植株下层光照。

● 选用具有耐弱光、树形紧凑的设施专用型品种，采用合理栽植密度，南北行栽植。依据设施内不同位置的高度差，阶梯式栽植或阶梯式整形。选择合理树形和树体结构，加强生长季修剪，减少株间遮光。

3. 人工补光

● 设施栽培使果树的生育期相应提早或延迟，自然光照时间缩短，光照强度降低，短波光减少。

● 为保证果树正常的生长结果，提高品质，需要进行人工补光。

● 人工补光的光源是电光源。电光源要求有一定的强度，光照强度具有可调性，有一定的光谱能量分布，具有太阳光的连续光谱。

● 人工补光常用光源有白炽灯、荧光灯、金属卤化物灯、植物生效灯等。白炽灯价格便宜，但光效低，光色较差。荧光灯价格便宜，发光效率高，可以改变荧光粉的成分，以获得所需的光谱，缺点是功率小。金属卤化物灯光效高，光色好，功率大，是目前高强度人工补光的主要光源，缺点是寿命短。植物生效灯可发出连续光谱，紫外光、蓝紫光和近红外光低于自然光，而绿、红、黄光比自然光强。

● 目前生产上人工补充照明所需功率及补光时间见表3—1。

表3—1　人工补充照明所需功率及补光时间

补充目的	适合光源	功率（W/m²）	每天补光时间
栽培补光	水银灯	50～100	光弱时补光不多于8 h
	水银荧光灯		
	荧光灯		
日长补光	荧光灯	5～50	卷苫前和放苫后各4 h
	白炽灯		

4. 遮光管理

● 遮光可降低设施内的光照强度和温度。遮光20%～40%能使室内温度下降2～6℃。

● 晴天中午前后，光照过强、温度过高，对果树生长发育有影响时可进行遮光；在预备苗移栽、采用反保温提早满足需冷量、延迟栽培推迟物候时都需要遮光降温。

● 遮光材料要求有一定的透光率、较高的反射率和较低的吸收率。可采用遮阳网、无纺布、苇帘、竹帘等覆盖物遮光。温室外遮阳的效果要优于内遮阳，但外遮阳操作复杂，且设备容易损坏。

● 也可采用屋面流水进行遮光，可遮光25%左右。同时，还有一定的降温效果。

话题 2　温度条件及调节

 **温度条件的重要性**

● 果树在生长发育的每一个阶段对温度都有特定的要求，特别是扣棚升温后至萌芽前、萌芽期、花期前后、幼果期和果实生长发育期。

● 温度的高低和温度变化幅度均会对坐果、果实发育、果实品质等产生重要影响。因此，温度管理是贯穿整个设施生产过程的重要技术环节。

 **温度状况的调节**

根据热量平衡原理，只要增大传入的热量或减少传出的热量，就能使设施内维持较高的温度水平；反之，便会出现较低的温度水平。因此，对不同地区、不同季节以及不同用途的保护设施，可采取不同的措施，或保温、或加温、或降温，以调节控制设施内的

设施农业实用技术知识普及丛书
SHESHI NONGYE SHIYONG JISHU ZHISHI PUJI CONGSHU

温度的高低和温度变化幅度均会对坐果、果实发育、果实品质等产生重要影响。

温度。

1. 保温

● 最有效的保温办法是采用隔热性能好的保温覆盖材料多层覆盖，以提高设施的气密性。

● 多层覆盖的常见做法是在室外覆盖草苫、纸被或保温被，二层固定覆盖（或双层充气膜）；室内活动保温幕（活动天幕）。此外，使用保温性能好的材料作墙体和后坡的材料，并尽量加厚；尽可能减少设施缝隙；及时修补破损的棚膜；设置防寒沟，减少土壤热量横向传导；设施内全面地膜覆盖、膜下暗灌、滴灌，减少土壤蒸发和作物蒸腾。

2. 加温

● 增温是保温的基础，通过设施结构的合理采光设计和科学管理，延长光照时间和进光量，改善设施光环境，提高设施的增温能力；避免土壤过湿，以减少土壤蒸发、果树蒸腾的耗热量，也有利于土壤白天蓄热，夜间增温；在地温较高时提早扣棚（反保温），覆地膜或土壤埋设酿热物等提高地温。

● 在北方冬季寒冷地区，人工辅助加温也是设施生产中重要的温度调控方式。人工加温所用的热源装置不同，其加温效果、可控制性能、维修管理以及设备费用和运行费用等都有很大差异。另外，热源在设施内的部位及配热方式不同，对气温的空间分布也会产生很大影响，应根据使用对象和采暖、配热方式的特点科学选择。生产上常见的人工加热方式主要有热风加温、热水加温、炉火加温及电热土壤加温等。

3. 降温

设施内的降温主要有以下几种方式。

● **通风换气** 降低保护设施内温度的最简单途径是自然通风换气，但在温度过高、依靠自然通风不能满足园艺作物生育要求时，需进行人工强制通风降温。

● **遮光降温** 可采用遮阳网、无纺布、苇帘、竹帘等覆盖物遮光，温室外遮阳的效果要优于内遮阳。

● **增大潜热消耗** 灌水之后通风排湿，靠水的汽化热带走大量的热量，达到降温的目的。应用此法时要注意天气变化，并且应在晴天时进行。

● **汽化冷却法** 汽化冷却法主要是利用水的传导冷却、水吸收红外辐射和水的汽化蒸发达到温室内的降温效果。目前，主要有屋面喷淋法、雾帘降温法、湿帘—风机降温系统、室内喷雾降温法等形式。

 **小资料**

与棚室气温的变化趋势相对应，果树进行设施生产时的温度管理有以下两个关键时期。

◆ **花前花后期** 此期如果温度过高，则坐果率低。但如果遭遇低温，尤其夜间温度降至0℃以下，会发生严重的花期冻害。这既是目前生产中普遍存在的问题，也是造成设施栽培失败的主要原因。

◆ **果实膨大期** 此期主要防止白天温度过高，一般棚温超过30℃，会引起新梢徒长，造成大量落果。

 **专家提示**

　　设施果树生产中要注意提高土温。设施果树生产中常出现果树经加温后萌芽迟缓、不整齐、花期延长等现象,除与自然休眠、气温管理等有关外,覆盖地膜加温后土温上升慢,使根系活动迟滞,尤其是表层根系活动不规律有很大关系。因此,在设施果树生产中,如何在前期提高地温,对开花坐果很重要。目前,最简单有效的方式就是在扣棚前20～40天,覆盖地膜,以提高地温,原则上应早覆,如过晚临近扣棚或扣棚后再盖地膜,对提高地温作用不大甚至使地温上升更慢。

话题 3　湿度条件及调节

 **空气湿度**

● 果树棚室的空气湿度来自土壤水分的蒸发和果树植株本身的蒸腾作用。由于设施大多密封性好,水汽不易外散流失。

● 在冬春生产时,为了保温,造成通风量减小,水蒸气在棚内积聚,形成了比较稳定的高湿环境。塑料棚室的空气相对湿度,夜间一般可达80%～90%，有时甚至达100%；白天多在60%以上。

● 相对湿度的变化与气温相反，气温升高时湿度下降，而气温降低时则湿度加大。白天湿度变化剧烈，夜间湿度变化则较为平缓。

专家提示

塑料棚室湿度过大，尤其是在花期不能开棚放风的情况下，常造成花粉黏滞，生活力低，扩散困难，对坐果影响很大。

空气湿度调控

目前，设施内空气湿度的调节仍较为原始，设施栽培结合提高地温一般采用地面地膜覆盖。湿度太高时通过风口放风降湿，而湿度小、空气太干燥时，主要通过地面浇灌和空间喷雾来调节，中午湿度太低时可通过棚室过道洒水的方式来增加空气的湿度。

土壤湿度

● 设施果树生产覆膜期间，其土壤水分主要决定于水分供应，即

人工灌溉的次数及数量。

● 一般情况下,由于设施覆盖减弱了地面水分的散失,设施土壤湿度要高于露天土壤,这也决定了设施果树栽培可相应地减少浇水的次数及数量。尤其是栽培桃、杏、李、樱桃等核果类果树,抗旱怕涝,要求少浇水。

土壤水分管理

● 土壤湿度的调节主要采用控制浇水的次数和每次灌水量来解决。

● 在生产中,棚室地面在全部覆膜的情况下,整个生育期,在扣棚前充分灌水,其他时期基本上不再浇水。

● 与蔬菜、花卉生产相比,设施果树生产的浇水次数和数量大大减少。

话题 4 二氧化碳浓度及调节

二氧化碳浓度

● 二氧化碳(CO_2)是绿色植物光合作用的主要原料,大气

中 CO_2 浓度为 0.03%，远低于一般果树 CO_2 的饱和点（0.1%～0.16%），不能满足光合作用的需要。

● 设施条件下，在寒冷季节用薄膜严密覆盖，致使棚室内白天 CO_2 严重亏缺，已成为限制棚室园艺作物光合生产力及其产量、产值的重要因素。

● 二氧化碳施肥技术在我国北方棚室蔬菜和果树生产上已经被推广应用，具体作用表现为促进生长、促进坐果和果实肥大、增产、改善外观和内在品质、抑制和减轻病害等。

二氧化碳肥源

1. 利用微生物分解有机物产生 CO_2

● 常见的方式有增施有机肥（如人畜粪肥、作物秸秆、杂草落叶等）和棚室内种植食用菌（如平菇）。

 **小资料**

据调查，施用秸秆堆肥 4.5 kg/m^2，可产生 CO_2 气体 1～3 g/(m^2·h)，使设施在 30 天内 CO_2 平均浓度达到 600～800 μL/L。又据测定，在温室后坡下种植平菇，出菇期间（17～25℃）可产生 CO_2 气体 8～10 g/(m^2·h)。

温室大棚果树安全种植技术

- 增施有机肥和种植食用菌,在一定时期内对提高棚室内 CO_2 浓度有十分明显的作用。但是,微生物分解有机物质释放 CO_2 的过程是缓慢的,其 CO_2 释放量也小,经夜间累积的 CO_2,不能满足果树生育中、后期叶面积指数较大时光合作用对 CO_2 的大量需求。此法有一定局限性,只能作为补充室内 CO_2 的辅助措施。

2. 燃烧碳素或碳氢化合物产生 CO_2

- 此法主要是利用 CO_2 发生器燃烧可燃性原料(如煤油、石油液化气、天然气、沼气、煤炭、焦炭等)产生 CO_2。通常 1 kg 白煤油或石油液化气、沼气等可产生 CO_2 气体约 3 kg,可使 667 m² 大棚(按体积约 1 000 m³ 计)内 CO_2 浓度约增加 1 500 μL/L。加温温室内的燃煤炉火可以明显提高室内 CO_2 浓度。

- 此法优点是简单易行,易于控制 CO_2 释放量及时间。缺点是燃料燃烧过程中会产生 SO_2 和 CO 等有害气体,危害果树和工作人员。

- 由解放军某部研制的"温室气肥增施装置",利用普通炉具和燃煤,对燃气有害气体经净化处理后获得纯净 CO_2,可使棚室内 CO_2 浓度提高到 1 500 μL/L 左右。在 333 m² 棚室内使用一台"温室气肥增施装置",每日成本 1.5~2.0 元。燃烧法通常还可使棚室内气温提高 1~2℃,严寒季节有促进果树光合及生长发育的作用。

 **安全生产提示**

应用燃烧煤油、石油液化气、煤炭等方法产生 CO_2 的同时,会相伴产生 SO_2 和 CO 等有害气体,危害果树和工作人员。因此,

> 采用此方法进行温室补充 CO_2 操作时,为确保安全,工作人员应在温室通风换气后再进入,以预防中毒。

3. 液态 CO_2 或固态 CO_2

● 液态 CO_2 气肥为酒精工业的副产品,由 CO_2 加压灌入钢瓶而制成。

● 将 CO_2 钢瓶放在温室或大棚内,连接减压阀和塑料导气管即可施放 CO_2。导气管一般固定在距棚顶约 30 cm 的高处,管径 1 cm 左右,每隔 1～1.5 m 留一个直径 1～2 mm 的气体释放孔。此法优点是使用方便、无污染、容易控制释放量和释放时间。缺点是需钢瓶,成本较高。

● 固态 CO_2 又称干冰,是气态 CO_2 在低温(-85℃)下变成的固态粉末。在常温常压下,干冰可气化成 CO_2 气体。1 kg 干冰可生成 1 kg CO_2 气体。

● 此法的缺点是成本高、需冷冻设备、储运不方便。

4. 化学反应法产生 CO_2

● 利用碳酸氢铵与硫酸、石灰石与盐酸或硝酸反应可释放 CO_2 气体。

● 碳酸氢铵与硫酸反应法取材容易,成本低,操作简单,易于推广,特别是在产生 CO_2 的同时还可生成硫酸铵化肥,而硫酸铵化肥可用于田间追肥。

● 碳酸氢铵与硫酸反应法的 CO_2 气体发生装置通常是采用耐酸

塑料桶。原料采用碳酸氢铵化肥和工业浓硫酸（浓度95%左右）。硫酸浓度过高时，与碳酸氢铵反应过程中，会产生含硫有害气体。

● 通常将工业浓硫酸与水按1∶3稀释。稀释方法是向耐酸塑料桶中注入3份水，然后边搅拌边沿桶壁缓慢加入1份工业浓硫酸，冷却至室温备用。注意严禁将水倒入浓硫酸中，防止硫酸飞溅。如果不小心将浓硫酸溅到皮肤上，应立即用大量清水冲洗。一般5 kg碳酸氢铵加3.25 kg工业浓硫酸，可产生CO_2气体2.8 kg，可使667 m^2日光温室（按平均高度1.5 m计）内CO_2浓度增加约1 400 μL/L。

● CO_2气体密度为1.98 kg/m^3。空气密度为1.29 kg/m^3。因此，CO_2气体比空气重，扩散慢。

● 为使棚室内施放的CO_2气体尽量分布均匀，一般每667 m^2棚室内需设CO_2气体发生桶10～30个。每个CO_2气体发生桶应悬挂在温室中柱上部或大棚走廊上部，以利于CO_2气体下沉，便于叶片吸收。

● 塑料桶不要靠近果树植株，以防止伤害叶片。

5. CO_2颗粒气肥

● 目前，国内一些厂家生产的CO_2颗粒气肥，呈不规则圆球形，直径0.5～1.0 cm，理化性质稳定。施入土壤遇潮后，可连续缓慢产生CO_2气体。使用方便，安全可靠。

● 667m^2棚室内，1次施用40～50 kg颗粒气肥，可连续40天以上不断释放CO_2气体，使棚室内CO_2浓度提高。

● CO_2释放浓度随光照强弱和温度高低自动调节。

● 颗粒气肥的施用方式为沟施或穴施，一般在行间开沟或挖穴，深2～3 cm，撒入颗粒气肥后覆土1 cm。

 **专家提示**

CO_2 施用注意事项

◆ 施用时间多是在每天日出或日出后半小时开始。如果放风，一般在放风前半小时停止施用。

◆ 晴天多施（1 000 mL/L），阴天不施。

◆ 施用 CO_2 的温室白天要适当增温1～2℃。

◆ 适当提高湿度（包括土壤湿度），以利于提高光合作用。

◆ 防止停止施用 CO_2 后出现的早衰。在 CO_2 停止施用的方法上，应逐渐降低使用浓度至停止施用，避免突然停施。

话题 5　有毒（害）气体及调节

 **有毒（害）气体来源**

● 一是施肥方法不当，大棚中施用农家肥料及化肥，如果用量过多或方法不当，会产生有毒（害）的氨气和亚硝酸气体，棚内燃料

燃烧加温时会放出 CO 和 SO_2 等有毒（害）气体。

● 二是对加温温室采用人工加温时，或在大棚内进行临时加温时，由于燃料燃烧不完全和烟道有漏洞容易产生 CO、SO_2 气体。

● 三是使用有毒的塑料薄膜、塑料制品。棚室内乙烯、氯气主要来源于有毒的塑料薄膜或有毒的塑料制品。

预防措施

● **注意通风换气**

● **科学施肥** 严禁在设施内撒施或穴施速效氮肥，如尿素、碳酸氢铵、硫酸铵、二铵等化肥。有机肥料要充分腐熟，特别要注意不可在设施内盲目、大量地施用鸡粪。若需施用鸡粪时，最好事先掺加麦草或其他的碎草充分腐熟，通过发酵让碎草吸收鸡粪中的氮素。

● **注意薄膜质量** 选用聚乙烯塑料膜或质量可靠的聚氯乙烯塑料膜。严防使用有毒的塑料薄膜覆盖温室。

● **室内点火增温时，必须明火充分燃烧** 严格控制燃烧时间，防止 CO、SO_2 等有毒（害）气体超标，危害作物。

专家提示

近年来，城市工业化的发展对大气的污染日趋严重，也同样对园艺设施内的气体环境有不良影响。建园时应避开有污染源的地区。

建园时应避开有污染源的地区。

第四讲 设施果树生长发育的调控

话题 1 设施果树生长发育的特性

与果树适应的露地生长条件相比，果树在设施内生长发育的环境条件发生了重大变化，从而影响并改变果树的生育期及生长发育规律。了解设施生产条件下果树器官生长发育的规律是进行科学管理、实现设施栽培成功的基础。

 **根系生长发育的特点**

露地栽培时，果树根系分布深，根际温度差较小，气温与地温上升缓慢而平稳，果树地上、地下部物候期协调。设施条件下果树根系分布范围变小，集中分布于近地表层，根系生长期延长，但由于土壤温度变化滞后于地上部，根际温度差增大，常引起根系生长发育滞后。特别是促成栽培的生长初期地温上升慢，地温总体偏低，更容易引起根系生长发育滞后，地上、地下部发育不协调，成为设施果树栽培中影响开花坐果的重要因素。

 **小资料**

◆ 河北农业大学园艺学院教授陈海江等（2002年）在早露蟠桃早熟促成栽培试验中发现，保护地条件下，扣棚后气温上升快，地温上升慢，引起根系活动滞后于地上部，表现为发根晚，营养吸收慢而少，对地上部供应不足，树上发芽不整齐，花期延长，落花落果严重，枝梢生长细弱等。

◆ 毕彦勇（2003年）利用根窖法研究了设施栽培条件下曙光油桃根系生长特性，结果表明根系集中分布于20～60cm的深度区域内，各个土层的新根生长呈交替现象。

◆ 王连荣（2002年）在早露蟠桃促成栽培地温调控试验中发现，在自然休眠解除后至开花期人为调控土壤温度稳定在15℃左右，可显著促进根系生长、花器发育，延长胚珠寿命，增加花粉数量和活力，提高坐果率。

 专家提示

果树促成栽培中，扣棚后气温上升快，地温上升慢，是影响早期根系生长和开花坐果的重要因素，应注意采取措施提升地温，使地温与气温变化相协调。

萌芽、开花坐果特点

1. 设施条件下营养生长的特点

● 设施条件下，高温、高湿及弱光照，加剧果树地上部营养生长，萌芽率、成枝力提高，新梢生长较旺，生长期长，日生长量增大，节间变长，徒长性增强，根冠比下降。

● 促成栽培中果树经过设施内的阶段发育，在撤除覆盖物进入露地越夏期后，果树一般表现出代偿性的新梢旺盛生长。引起单枝生长量增大，增加树冠体积，如控制不好会引起树冠郁闭。

● 此期正是露地果树花芽分化盛期，新梢代偿性旺盛生长影响树体有机营养积累，影响花芽分化数量和质量，甚至引起大小年或隔年结果问题。

> **小资料**
>
> 据王志强等（2002年）研究，设施条件下油桃的树体生物量（不含果实）比露地增加66.2%，单株新梢全年总长度增加1.0倍，总叶面积增加87.1%，比叶重和根冠比减小。

● 要加强越夏期管理，调控枝梢生长长度及生长节奏，促进花芽分化，克服大小年；有效地控制树体大小，防止结果部位外移。

● 在延迟栽培中果树生育期延后,存在新梢后期不能及时停长、花芽分化不良、储存营养积累不足、越冬能力差等问题。

 专家提示

设施栽培条件下新梢生长旺盛,新梢生长与果实发育营养竞争突出,容易引起落花落果。调控新梢数量和旺长,平衡梢、果间营养分配利用,是保障果树坐果与果品优质的重要措施。

2. 设施条件下开花、坐果特点

● 设施条件下常引起花器官发育不完善、完全花比例下降、雌雄蕊败育、花粉生活力下降、花期持续时间长且不整齐、坐果率下降等现象。

● 设施栽培中单花从花朵开放到花瓣脱落,时间缩短,通常比露地条件下缩短 24～57 小时;整株树花期不整齐,花期拖长。如自然休眠解除不充分,会引起萌芽、开花不整齐和花期延长,有时花期持续 20～30 天。

 **小资料**

欧阳汝欣、陈海江等(2000 年)研究了桃自然休眠解除后不同升温梯度对性器官发育和坐果的影响,结果表明高温处理或不合

> 理的变温处理（升温过快）可以使桃提早萌芽、开花，物候期进程快，花粉、胚囊败育率高，坐果率低。而采取每周升温2℃的缓慢梯度升温，则花期整齐，花器发育正常，坐果率提高。

● 设施栽培桃、油桃、樱桃、杏的花粉发芽试验表明，设施果树花粉的生活力大大下降，花粉萌芽率显著降低，有的仅达6.97%。花粉生活力的下降，为通过人工授粉提高坐果率的实施增加了困难，这也是保护地条件下坐果率低的主要原因之一。

专家提示

> 在自然休眠解除后至开花前，是果树性器官发育的关键时期，此期设施内温度升幅过快，昼夜温度过高，则花期提早，性器官发育不良，坐果率低。应注意缓慢梯度升温，防止因温度上升过快影响性器官发育和开花坐果。

● 设施早熟促成栽培中，设施内气温上升快，地温上升慢，地温—气温不协调，常引起萌芽迟缓，花期延长。

● 在核果类果树设施生产中出现先叶后花现象，由于叶芽先发育，枝梢生长消耗营养，造成花芽发育过早停止，会影响坐果率和果实的第一次膨大生长。另外，地温低或变幅大，会影响根系的活动和功能发挥。因此，如何早期提高地温，与气温协调一致，并使其变化平缓是一项重要的管理工作。

 ### 果实的生长发育

● 果实生长发育动态与设施内温度、光照关系密切。从开花到成熟，适宜的温度和光照条件不但能促进果实发育，还可以缩短果实发育期，提早成熟；反之，温度、光照不适宜，则果实发育速度减缓，生育期延长。

● 水分、肥力、病虫害等对果实发育也有不同程度的影响。

 **小资料**

◆ 王志强（2002年）研究认为，设施油桃果实发育Ⅰ期和Ⅲ期延长，Ⅱ期缩短，果实整个发育期延长10～15天，果实普遍增大。

◆ 常美花（2004年）研究温室条件下早红霞和早红珠两个油桃品种果实发育动态，认为两品种均表现硬核期缩短且硬核期生长量变小，果实发育期比露地栽培延长15天左右。

◆ 在生产中还发现长时间持续高温抑制晚熟桃果实膨大，延长果实发育Ⅱ期；保护地栽培中，提早撤除覆盖物转为露地生产会使果实变小，果实成熟期推迟。

● 设施内果实品质差异较大，这与环境因子调控有密切关系。日本等国在设施果树栽培时发现，设施果树产量大幅度上升，如温州

蜜柑可增加产量1～2倍、葡萄增产40%～60%、桃增产27%～30%；同时，果实品质也有所改进。

● 我国近几年来的生产实践表明，保护地条件下多数果树单产比露地栽培增加，果个有明显增大的趋势。但西洋樱桃设施栽培产量普遍降低，这主要是环境调节不当造成的。设施果树的果实品质发生较大改变，综合品质远低于露地栽培，如果实糖分低、酸度增加、风味偏淡、缺乏香气、果实畸形率高、生理障碍增多、耐储性下降等。

专家提示

设施栽培果品风味品质不佳，会影响到设施果树产业的效益。风味品质不佳的主要原因是生产中使用的设施简陋，调控手段落后，光、温、湿等环境条件不能进行科学调控等，今后必须引起重视。

话题 2 设施果树栽培品种的选择技术

设施果树品种选择应考虑的因素

品种选择的正确与否直接关系到设施栽培的成败。选择品种时应考虑以下因素：

● 露地自然栽培果树树种、品种的选择主要考虑树种、品种对区域气候及立地条件的适应性，品种（系）的经济性。

● 果树设施栽培在树种、品种选择上不仅要考虑树种、品种对区域气候及立地条件的适应性，品种（系）的经济性。

● 还要考虑栽培目的、栽培技术成熟状况、产品定位及市场预期。

设施果树品种选择的基本原则

设施果树品种选择应遵循以下原则：

● 果树设施栽培的主要目的是提早或延迟果实成熟上市，因此，应尽可能选择早熟和晚熟品种，使其成熟期与露地栽培早、晚熟品种的成熟期错开。以提早供应鲜果为目标的提早促成栽培，应以选择极早熟、早熟和中熟品种为主，以利于提早上市。延后供应市场鲜果的延迟栽培则应选择晚熟品种或易多次结果的品种。

● 促成栽培，是在先于露地环境条件下生长的，果树品种需冷量越低，通过休眠的时间越短，可升温的时间也就相应提早，比露地果树成熟期提早的时间就越长。因此，应选择自然休眠期短、低温需求量低、易人工打破休眠的品种，以便早期或超早期保护生产。应注意并不是早熟品种需冷量就低，晚熟品种需冷量就高，果树品种成熟期与低温需求量之间并无直接关系。

● 受设施内空间限制及早果的需要，应选择树体矮化、树冠紧凑、适宜密植栽培的品种，或树势中庸健壮，易于连续多年控制树冠体积，稳定生产的品种。

● 设施果树投资大，生产成本高，应选择幼树易成花、早果早丰、连年丰产、市场需求潜力大、效益高的品种。要选择果大、味浓、色艳、丰产、耐储、商品性强的高档品种，可通过设施栽培充分体现其商品价值，最终实现高效益栽培的目的。

● 设施栽培自然传粉昆虫少，即使人工放蜂传粉，由于空气流动性差，昆虫活动范围小，也会影响传粉；此外，设施内花期相对湿度高，花药散粉慢，也不利于授粉。因此，要选择花粉量大、自花授粉坐果率高的品种和授粉树。

● 选择适应性强，对温、湿、光等环境条件适应范围较宽，抗病性强的品种。有较强耐高温、低温、高湿、耐弱光及抗病能力。

专家提示

◆ 果树设施栽培，因投入的财力和人力较多，种植成本高，且一旦种植就要经营多年，所以选择品种时一定要慎重，要有很好的前瞻性。

温室大棚果树安全种植技术
WENSHI DAPENG GUOSHU ANQUAN ZHONGZHI JISHU

受设施内的空间限制应选择树体矮化、树冠紧凑、适宜矮化密植栽培的品种。

◆ 我国目前设施栽培品种主要是从现有生产品种中筛选,盲目性大,对设施栽培的针对性和适应性了解较少,有些品种甚至不适合设施栽培。因此,选育和引进适合设施栽培的品种资源以及矮化砧木已是当务之急。

话题 3　果树休眠与解除

果树休眠与设施栽培

1. 果树休眠

● 从理论上讲,如果是促成栽培,扣棚时间越早,成熟上市越提前,效益越高。但落叶果树设施栽培中扣棚时间是有限制的,并不是可以无限制的提前和随意而定的。因为落叶果树都有自然休眠的习性,如果没有通过自然休眠,即使扣棚升温,给其提供生长发育适宜的环境条件,果树也不会萌芽、开花;有时尽管萌芽,但往往不整齐,时间延长,坐果率低。

● 休眠是果树发育中的一个周期性时期,是以生长活动暂时相对停止为表现的一系列积极发育过程,可避免恶劣环境的危害。

2. 果树休眠类型

果树休眠分为自然休眠（真休眠）和被迫休眠。

● **自然休眠**　自然休眠是由果树内部因素控制，即使给予适合的环境条件也不能正常生长。自然状态下，自然休眠只能在低温累积的作用下，非常缓慢地消失。自然休眠依据休眠深度分为"深真休眠"和"浅真休眠"两个阶段。在深真休眠期，无论作任何处理均无法打破休眠；在浅真休眠期，芽休眠可以被人为打破，这为人工提早解除自然休眠，进行促成栽培提供了可能。

● **被迫休眠**　被迫休眠是自然休眠解除后果树本身具有正常生长的潜力，由于缺乏必要的环境条件而不能正常生长的现象。在冬季寒冷的地方，果树自然休眠结束后就进入被迫休眠阶段。

专家提示

设施栽培扣棚升温时间与休眠解除有关。促成栽培的升温必须在自然休眠解除后进行；而延迟栽培则是在自然休眠解除后还要人为创造低温条件，延长被迫休眠，然后逐渐解除被迫休眠开始升温。需注意，休眠解除并不是设施果树升温的唯一依据，适宜的升温时间还要综合考虑果品计划上市的时间，升温后棚室环境调节的难易与投入，树种、品种对某些因素的特殊要求等。

 **低温需求量与自然休眠解除**

1. 低温需求量

● 当果树进入真休眠后,可保证较早结束芽的真休眠,而均一发芽、开花所必须满足的一定低温作用的时间,称为需冷量或低温需求量。

● 需冷量的估算,生产中通常采用7.2℃低温模型估算。即以7.2℃(约45°F)为低温需求量上限,计算低于7.2℃温度的累积低温小时数。王立荣等研究认为用0~7.2℃温度累积量估算需冷量更合适。

2. 自然休眠解除

当果树休眠后满足必需的需冷量后解除自然休眠。

打破落叶果树自然休眠的低温标准(有效低温阈值)现在仍有争议。有人认为10℃以下(含10℃)的温度对完成自然休眠都有效;有人认为0℃以下的低温有效;但大多数人认为果树完成自然休眠的最有效温度是7.2℃左右,而10℃以上或0℃以下的温度对低温需求量的积累基本无效。

解除休眠所需的低温小时数因树种、品种而异,并且不同阶段的低温贡献率也不同,而且存在着地理差异。例如,无花果的低温需求量为200小时,甜樱桃为1 200小时,春香、丰香等休眠浅的草莓品种,需冷量只有50小时左右，休眠中等的宝交早生等需要400～500小时，休眠深的达娜和金明星等品种则需要600～1 000小时。同一品种不同器官也不一样，桃枝梢的顶生叶芽低温需求量最少，而侧生叶芽的低温需求量最大。大多情况下，桃花芽的低温需求量介于两种叶芽之间。在应用7.2℃低温（冷温）模型实际测算需冷量时，一般认为0℃以下低温对解除休眠基本无效，多测算0～7.2℃的低温累积值。主要果树需冷量的参考值见表4—1。

表4—1 主要果树的理论需冷量范围

树种	需冷量（小时）	树种	需冷量（小时）
苹果	1 200～1 500	桃	500～1 200
核桃	700～1 200	杏	700～1 000
梨	1 200～1 500	李	700～1 200
葡萄	850～2 000	酸樱桃	800～1 200
板栗	1 400～1 500	甜樱桃	1 000～1 300
柿子	800～1 000	扁桃	200～500
草莓	80～640	无花果	200～300

专家提示

由于7.2℃低温模型忽略了高温和低温的作用，从而使不同地理区域及年份间估算值产生很大差异。因此，生产中依据需冷量确定休眠解除时间进行设施生产时，应在理论需冷量基础上增加10%～20%的安全系数。

 **破眠技术**

1. 人工低温集中预冷法

● 生产中为使设施果树较早通过自然休眠以提前扣棚，常采用"人工低温集中预冷法"。

● 人工低温集中预冷法即当深秋平均温度低于10℃时，最好在7～8℃时开始扣棚保温，棚室薄膜外加盖草苫或棉被等防寒物。只是草苫等的揭放与正常保护时正好相反。夜间开启棚室风口让冷空气进入，做低温处理；白天盖上草苫并关闭风口，以保持夜间低温，所以生产中也称反保温。

● 大多数果树按此种方法集中处理30天左右即可顺利通过自然休眠（见图4—1）。

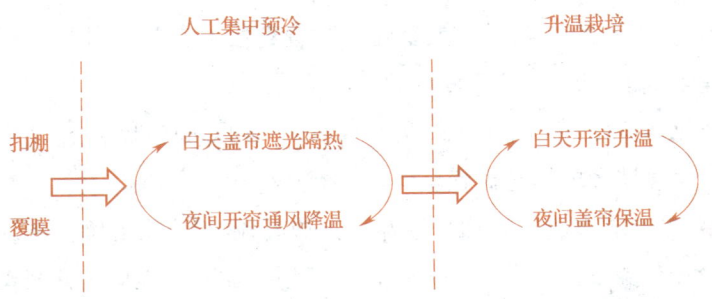

图4—1 人工低温集中预冷法的操作流程

专家提示

需要注意的是,果树长期处在相对稳定的温度条件下,很快即达到理论需冷量值,但试验表明在反保温条件下计算的休眠解除需冷量要大于自然变温条件下的需冷量。因此,实际生产中要适当延长反保温期,以保证休眠充分解除。此外,反保温的黑暗环境会对果树的生长发育产生什么样的负面效应,还有待于进一步调查。

2. 人工化学破眠法

果树设施栽培中,人们试图利用人工方法代替低温并随时打破其休眠。这方面人们研究较多的是利用化学药剂处理提早解除休眠的技术。但绝大多数化学药剂作用效果不稳定或不显著,并易受环境条件的影响,所以在生产中均未能有效使用。比较成功的是葡萄设施栽培中用石灰氮打破休眠。

(1) 石灰氮打破葡萄休眠的技术要点

● 石灰氮的学名叫氰氨基化钙。葡萄经石灰氮处理后,可比未经处理的提前 20～25 天发芽。

● 使用时,每 1 kg 石灰氮,用 40～50℃的温热水 5 kg 在塑料桶或盆中搅拌调成均匀糊状。

● 使用前溶液中添加少量黏着剂或吐温 20。用海绵、棉球等蘸药涂抹枝蔓芽体,涂抹后可将葡萄枝蔓顺行放贴到地面,并盖塑料薄膜保湿。

(2) 注意事项

● 一是葡萄枝条、芽被涂抹石灰氮后,应保湿并逐渐升温,切忌升温过快,高温催芽,以造成新梢徒长,花序小而坐果少,并且落花落果严重。

● 二是溶化石灰氮时,应充分搅拌,使其成糊状后方可涂抹。

● 三是石灰氮有毒,切勿接触皮肤或溅入眼中。

 安全生产提示

◆ 石灰氮属无机有毒品,对皮肤和黏膜(结膜、上呼吸道)有刺激作用,可溶解在汗液或黏膜分泌物中。接触石灰氮的人可发生红斑性皮炎。石灰氮释放出的氨基氰可通过消化道和呼吸道进入人体,从而引起血管运动反应。乙醇会加速石灰氮对人体的有害作用。

◆ 使用石灰氮时应特别注意防护。首先,使用地点不能离鱼池、禽畜养殖场太近;其次,使用人员于操作前后24小时内不要饮酒。使用时要佩戴口罩、帽子和橡胶手套,要穿长裤、长袖衣服和胶鞋。使用后要漱口,用肥皂水洗手、洗脸。未用完的石灰氮要密封,存放在通风、干燥处。

◆ 石灰氮打破葡萄休眠效果显著,但其毕竟有毒,生产中要尽量少用,可以通过选育低需冷量品种解决问题。必须使用时,要注意使用时间和浓度,且不可过量,以免对人体及环境造成伤害。

专家提示

近年来人们在果树自然休眠前，将果树叶片进行摘除，强迫其二次萌发结果；强制提早进入和解除休眠，晚秋扣棚生产；并在盆栽果树低温保存和区域运输方面进行了研究尝试，取得了重要成果。

话题 4　树体控制技术

设施栽培投资大，应在短期内建成树冠，实现早期丰产。由于果树树体大，而且在设施条件下果树树势生长旺，枝梢徒长，易造成树冠密闭，枝条生长细弱，花芽分化不良。为了维持多年连续稳定生产，必须采取相应的技术措施，控制树体大小。

 **合理密植**

● 密植是早果、丰产的重要途径之一，合理密植可以充分利用有限的空间，增加单位体积的果枝量，使果树早期产量尽快提高。但密度过大，树体控制难度大，易造成树冠密闭，果树结果年限缩短，甚至造成设施栽培失败。

- 一般葡萄可按株距50～100 cm、行距2～3 m进行栽植；油桃、桃、樱桃可采用1 m×1 m、0.8 m×1.2 m、1 m×1.5 m的株行距进行计划密植，确保前期丰产，待3～4年后树冠密闭时隔株或隔行间伐。

合理整形修剪

1. 整形

- 依据栽培密度及果树生长发育特性，进行科学的整形是有效控制树体大小、获得连续丰产、稳产和优质果品的重要技术途径。
- 高密度栽植的设施果树的整形原则是矮干、矮冠或瘦冠、少主枝和小主枝，有效控制生长势上强和结果部位外移。
- 生产中桃、杏、李、樱桃等乔木或小乔木果树常采用纺锤形、"Y"字形、倾斜单干形、自然开心形等树形。葡萄等藤本果树一般采用立架和棚架整形。

2. 强化夏剪

- 与露地栽培相比，在生长季对设施果树修剪更有利于控制树体大小和调节长势。因此，在休眠期修剪的基础上要加强生长季修剪。
- 生长季采用拉枝、扭枝、摘心、疏剪、回缩及应用生长延缓剂等方法，控制枝条旺盛生长，以利通风透光和花芽形成。
- 生长季修剪量越大对树体营养生长的抑制作用就越强。因此，要根据生长势和光照状况调节修剪强度和修剪次数，使树体生长势和树冠大小既能达到有效控制，又不引起树势衰弱。

3. 化学控制

● 应用生长延缓剂或生长抑制剂进行化学控制也是树体控制的有效措施。

● 叶面喷施多效唑、PBO 或土施多效唑，不但对新梢生长均有明显的抑制作用，还具有促进成花和坐果的作用。

限根栽培

果树的生长与根系密切相关。通过调节根系的分布及生长节奏，调控根系肥水吸收利用，可以有效调控地上部的生长发育。限根技术已经成为设施果树栽培中树体控制的重要途径。限根生产主要有以下技术。

● 果树浅栽　设施果树建园时，除按常规的建园要求进行园地规划设计、土壤改良、定点挖沟（穴）、施肥回填、浇水沉实外，在栽植时，比露地栽培要适当浅栽，控制根系分布深度。

● 起垄栽培　建园时用表层土和中层土堆积起垄成行，垄高在 30～50 cm，宽度 50～80 cm。应把果树栽植于垄上。

● 容器栽培　把果树植株栽植于单个容器中，然后建棚进行设

温室大棚果树安全种植技术

施栽培,是限根效果最为显著的一种方法,已在日本、以色列等国的果树设施栽培中得到广泛使用,我国应用较少。生产中常用容器有陶盆、塑料编织袋、无纺布袋、塑料箱、木箱等。注意容器要有透气、透水孔。

● **底层限制** 设施果树栽植时,在沟(穴)底部铺设隔离层,以限制根系的垂直扩展并增加底层的透气性。隔离层常用的材料有纸(草)被、塑料编织袋、泡沫塑料、打实的黏土等。底层限制在保证限根效果的同时,要注意底层的通透性,防止浇水或自然降雨后积水成涝。

● **根系修剪** 修剪根系后,树体营养生长削弱,树体矮化,中短枝比例增加,容易形成花芽。根系修剪的时期以花期和新梢旺盛生长期为宜,旺树可修剪两次,中庸偏旺树可修剪一次,弱树不修剪。根系修剪后的效应一般持续30~45天。根系修剪主要采用物理修剪法,即通过人工或机械手段将根系切断,以控制根系水平和垂直分布范围。

专家提示

根系修剪的作用与树势、修剪时期、修剪强度、修剪后土壤水肥状况有关,应用时要根据树龄、树势、立地条件等灵活掌握,宁轻勿重,以防过度。否则,对树体造成伤害,达不到理想效果。

 **换枝修剪**

● 换枝修剪就是在果实采收后,及时疏除过密及生长过长、过旺的枝条;回缩或短截部分棚室内形成的新梢,促发新枝,降低花芽分化节位,以防树冠扩大、结果部位外移和隔年结果。换枝修剪要依据果树的生长和花芽分化特性进行。

● 桃、杏、李、中国樱桃等,采后修剪一般保留10%～20%的单轴生长的当年生中庸新梢不剪,疏除背上直立枝、内膛密生枝,对其他的结果枝留3～7个芽重短截,利用萌发的二次枝或三次枝培养第二年的结果枝,采后修剪的时间应使萌发的新梢有60～80天以上的营养生长期。

● 葡萄设施栽培在采果后对结果新梢留1～2个芽进行重回缩,利用冬芽萌发的副梢培养第二年的结果母枝。短截的时间越早,部位越低,所形成的新梢生长越迅速,花芽分化越好。采后修剪所形成新梢的结果能力与母枝粗度关系密切。采后修剪的时间最晚不迟于6月上中旬。

 专家提示

换枝修剪勿过重,留下的枝叶量以不小于修剪前的30%～50%为宜。同时,结合土壤中耕,改善土壤通透性,适量追施N、P、

> K三元复合肥，及时多次进行根外追肥，可喷布0.3%的尿素+0.3%磷酸二氢钾，或喷施光合微肥及氨基酸肥等，每隔5～7天喷1次，可连续喷4～5次。

 **预备苗及一年一栽制**

1. 预备苗

● 预备苗就是先在苗圃内集中培育，经过整形促花，培育成发育良好、具备一定花芽量的壮苗。

● 一般预备苗多用容器培育，设施内前茬作物收获后带土植入，可缩短缓苗期，实现提早结果。

2. 一年一栽制

● 一年一栽制，即每年定植新苗木，经过一个生长季的生长发育，当年冬天或翌年春天扣棚保护栽培，果实采收后，植株弃之不用，重新栽植预备苗进入新的生产周期。

● 一年一栽制可每年更新植株，能有效控制树体大小和隔年结果，利于树种、品种更新，但需培育预备苗，每年定植，生产投入较大，且很容易造成栽培重茬障碍。

话题 5　提高设施果树坐果率及品质的技术

提高设施果树坐果率技术

设施果树坐果率低是制约果树设施栽培产业发展的主要因素之一。提高坐果率可采取以下途径和措施。

● 建园时选择自花结实力强、坐果率高的品种，配置足够的授粉树，增加授粉树品种和配置比例。

● 通过综合管理措施，调控树体营养均衡分配，提高树体营养水平，促进花芽分化，提高花芽数量和质量。

● 适期扣棚升温，保证果树休眠充分解除。过早扣棚加温，果树没有通过自然休眠，经升温后，即使能萌芽开花，也会开花不整齐，花期延长，花粉生活力下降，不能正常坐果。

● 加强开始升温至开花期的温度调控。从开始升温到开花前，升温过快、过高，地温与气温不协调，会引起花器官畸形或败育，影响坐果。例如，桃树一般从升温到开花要经过 35～50 天的缓慢升温，才能正常开花结果。一般要求升温的起点温度应低一些，以自 7℃ 开始为宜。升温要缓慢、平稳，升温幅度应控制在每周 2℃ 左右。当白天温度达到15℃以上时,昼夜温差应保持在10℃以上。

● 加强花期管理,人工辅助授粉。人工授粉时,有时当年设施内授粉品种花粉生活力低,需利用储备花粉进行人工辅助授粉。如果花粉储备方法得当,会保持很高的花粉生活力,详见表4—2。

表4—2 几种果树花粉储藏与发芽率的关系

果树种类	储藏条件(℃)	储藏时间	最后发芽率(%)
桃	-20	9年	82
李	-18	441天	38.2
杏	2.2	550天	26.5
葡萄	-12	4年	21

● 疏花疏果,合理负载,提高坐果率。及时对花量大的树进行疏花疏果,可节约树体营养,促进坐果。

● 补施营养,提高坐果率。花前施肥可补充树体储藏营养不足,具有促进坐果的作用。花期喷硼可促进花粉管萌发,提高坐果率。

● 控制新梢旺长,平衡营养分配。抹除过多萌蘖、新梢摘心或剪梢、花期环剥、控制灌水、喷施生长延缓剂等措施均可抑制营养生长,促进坐果。

提高品质技术

我国近几年的栽培实践表明,在现有设施条件下,与露地栽培相比，大部分果树设施栽培的产量有所增加，果个有明显增大的趋势，但内在品质远低于露地栽培，如酸度增加、风味偏淡、生理障碍增多、耐储性下降等。果实品质差已经成为设施果树发展的主要限制因子之一。因此，必须重视果品质量的提高。

1. 增大果个

● 果实大小主要决定于果实细胞数目、细胞体积及细胞间隙。

● 细胞数目增加是果实增大的基础，细胞分裂次数多，细胞数目就多，每个细胞膨大一点，整个果实就会增大。而细胞分裂时期利用的主要是树体储藏营养，如果此期环境条件有利于细胞分裂，花芽质量好，树体营养充足，就有利于细胞分裂，为形成大果奠定基础。

● 细胞体积的增大依赖于果实发育期营养的分配和果实生长的环境条件。

● 细胞间隙的增加与后期肥水密切相关。肥水充足，间隙增大，会降低果实硬度、风味和耐储性。因此，增大果个应在保证品种固有内在品质的前提下进行，通过重视综合管理，增加树体储藏营养，提高花芽质量，创造果实发育的环境条件，合理负载，平衡养分分配，促进养分向果实积累，果实发育后期控制灌水等措施，实现果实大小的调控。

2. 提高果实含糖量，促进着色

所有有利于改进光照条件、促进光合作用、促进养分积累的措施都有利于提高果实的含糖量，促进着色，改进风味。主要有以下途径。

● 设施建造时选择合理的方位与角度。选择透光率高、防尘性能好、抗老化的透明覆盖物。随时清洁透明覆盖面,改善透光能力。在棚室内张挂反光幕,铺反光膜。

● 在棚室内栽植果树时,采用梯田式高低错落栽培,减小栽植密度。采用高光效树形,控制树体大小,减少遮阴面积。

● 加强夏剪,控制新梢旺盛生长。果实发育后期,适度控水,控制氮肥,适量施用磷钾肥以及叶面喷施磷钾肥、光合微肥等。果实开始着色至成熟期,适度增大昼夜温差。

● 果实幼果期套袋,采收前1~2周适时摘袋,并摘除果实周围遮光叶片,旋转果实促进全面受光。同时,注意分期适时采收。

3. 防止采前落果和裂果

● 预防落果,一是适期采收,分期采收,避免果实过熟而脱落;二是对容易采前落果的树种、品种在果实近成熟期喷施防落果剂;三是加强病虫害防治,预防病虫害引起落果。

● 裂果主要发生在果实发育后期至成熟期。果实发育后期氮肥施用过多,灌水次数多,灌水量大会加重裂果。因此,预防裂果应加强前期管理,后期控制肥水。裂果还与品种有关,建园时选择裂果轻的品种也是控制裂果的重要途径。有些树种和品种进行果实套袋也可防止或减轻裂果。

话题 6 隔年结果和大小年调控

果树的隔年结果和大小年调控

隔年结果和大小年结果是果树设施栽培中普遍存在的现象。例如，桃、杏、李、中国樱桃、葡萄经过提早促成栽培后，设施内形成的枝梢上花芽形成不良或不形成花芽，如果越夏期花芽分化数量不足，质量差，则造成第二年产量锐减、品质低劣；甜樱桃经过一年设施生产后，会出现叶片早衰，8—9月份大量集中落叶，有时造成早秋花芽提前开放，影响第二年产量；在设施延迟栽培时也存在设施内花芽分化不良，造成第二年产量下降或绝收问题。因此，调整果树隔年或大小年结果是十分必要的。调控主要通过保证花芽分化以提高花芽质量和一年一栽制技术来实现。

保证花芽分化及提高花芽质量

1. 增温、增加日照时数，改善光质
● 为促进覆盖期形成的中短枝的花芽分化，要采取增温措施，以保证花芽分化所需的温度。

- 进行人工补光，如悬挂反光幕、铺反光膜等。

2. 前促后控，合理夏剪，调控新梢生长节奏

- 要加强土肥水及树上综合管理，促进前期的营养生长。在花芽开始分化期，采取摘心、环剥、扭枝、拉枝及应用生长调节剂等措施缓和生长势，促进营养积累，提高花芽分化数量和质量。

- 提早促成栽培在撤除覆盖物后，及时进行换枝修剪或选择性重回缩，疏除过密、生长过长、过旺枝，促发新枝，并配合肥水管理和生长调节剂应用，促进越夏期设施外的花芽分化和提高花芽质量。

3. 喷施生长延缓剂

核果类果树在盛花后至硬核前，以及7月下旬以后喷施150~300倍的多效唑或PBO，显著促进花芽形成。

4. 控施氮肥和灌水

- 7月下旬以后要适度控水，促花期停止灌水。
- 黏重土壤，中后期肥水大的树成花困难，应提早控肥控水，必要时多次喷施生长延缓剂。

5. 叶面喷肥提高花芽质量

叶面喷施N、P、K肥，光合微肥及生物菌肥，可促进树体有机营养积累，从而促进花芽分化，提高花芽质量。

预备苗及一年一栽制

● 对于容易成花的葡萄、草莓等采用一年一栽制可有效控制大小年和隔年结果。

● 当年不能成花或定植,当年虽能成花但不能满足产量要求的,可采用预备苗建园。在苗圃内集中培育,经过整形促花,培育成发育良好、具备一定花芽量的壮苗,在设施内前茬作物收获后带土植入,可克服大小年结果,但预备苗培育和移栽成本较高。

话题 7 肥水管理及病虫害防治技术

肥水管理

● 果树设施栽培施肥应以有机肥为主,减少化肥用量,以提高土壤有机质含量。有机肥提倡在秋季新梢停长后及早施用。有机肥必须腐熟,可采用地面撒施后浅翻的方法施用。化肥尽量少施或不施,并注意减少施肥次数，宜采用缓释的复合肥或平衡肥，可与有机肥一起于秋季施用。设施果树覆盖期一般不进行土壤追肥，可进行多次叶面喷肥。

● 水分管理上，一般在覆盖前充分灌水并覆盖地膜保湿，覆盖期一般不灌大水。如需灌水，最好采用滴灌或行间沟灌，且水量要小。特别是覆盖后果树花期和生理落果前不灌大水，以防降低地温，加速新梢旺长，造成落花落果；果实发育后期也应适度控制灌水，以防降低果实品质和裂果。

病虫害防治技术

果树设施栽培露地生长期病虫害发生种类和防治方法与露地栽培相同。但是，与露地相比，覆盖期环境条件发生了很大变化，环境密闭，白天温度高，夜间温度低，昼夜温差大，空气湿度大。环境的改变会引起病虫害发生的种类和防治方法与露地栽培有较大差异。覆盖期病虫害防治有以下特点。

● **预防为主，治疗为辅**　加强综合管理，增强树势，提高树体抗病虫能力。

● **清除、隔离病虫源**　冬剪后清除果园及设施周边枯枝落叶，萌芽前细致全面地喷施一遍病虫害铲除性药剂，创造一个低虫卵、少病源的环境。

● **进行人工和生物防治** 利用覆盖期设施相对封闭、集约化程度高的特点,在病虫害发生初期,人工摘除病虫枝叶和病虫果,隔离或喷药杀灭设施外病虫,减少再侵染源;人工诱杀或释放害虫天敌等。

● **烟雾熏蒸** 一般在升温至萌芽前,用高浓度的杀虫和灭菌烟雾剂进行设施消毒,以后视病虫发生情况施放烟雾剂。杀菌烟雾剂可选用 45% 百菌清、15% 克菌灵、30% 好夫等。杀虫烟雾剂可选用 10% 异丙威烟雾剂、棚虫毙克等。使用烟雾剂要多点均匀燃放,棚室密闭 4 小时以上,通风换气后人员再进入工作。病虫害严重时可每 10～15 天熏蒸一次。

 专家提示

发展绿色农业,要科学合理使用农药。以农业防治、生物防治为主,化学防治为辅,做到预防为主,综合防治。限制杀虫剂、除草剂的使用量,并且按 NY/T 393—2000《绿色食品 农药使用准则》执行。喷洒杀虫剂时,要防止喷在薄膜上,避免杀虫剂在薄膜与温室构件接触位置上的附集。使用杀虫剂后,应尽可能快地对温室进行通风处理。

温室大棚果树安全种植技术
WENSHI DAPENG GUOSHU ANQUAN ZHONGZHI JISHU

萌芽前细致全面地喷施一遍病虫害铲除性药剂，创造一个低虫卵、少病源的环境。

第五讲 设施桃安全生产技术

话题 1 设施桃树生长发育规律

生长特性

1. 根系生长特性

● 设施条件下桃树根系分布范围变小,集中分布于近地表下10～40 cm处。桃根系开始生长的地温为5℃左右,15℃以上开始旺盛生长,22℃时生长最快。

● 当土温高达26℃时,根系停止生长,进入相对休眠期。

● 土温降至19℃左右时,根系开始第二次生长,但生长势较弱。

● 秋末冬初,土温降至11℃以下时,桃树根系停止生长,进入冬季休眠期。

 **小资料**

王连荣等（2002年）在早露蟠桃促成栽培地温调控试验中发现，保护地条件下，扣棚后气温上升快，地温上升慢，引起根系活动滞后于地上部，表现为发根晚，营养吸收慢而少，对地上部供应不足，树上发芽不整齐，花期延长，落花落果严重，枝梢生长细弱等。在自然休眠解除后至开花期，人为调控土壤温度稳定在15℃左右，可显著促进根系生长、花器发育，延长胚珠寿命，增加花粉数量和活力，提高坐果率。

 专家提示

桃树早熟促成栽培中，设施内地温上升慢，地温—气温不协调，造成发芽迟缓、花期延长甚至出现先叶后花的现象，影响坐果和果实的第一次膨大生长。因此，应注意采取措施提高地温，与气温协调一致，并使地温变化平缓。

2. 枝、芽类型和生长特性

● 桃芽分叶芽和花芽（见图5—1）。

● 桃树枝条分为徒长枝、发育枝、结果枝。结果枝（见图5—2）又分徒长性果枝（60 cm以上，有少量副梢）、长果枝（30～60 cm）、中果枝（15～30 cm）、短果枝（5～15 cm）、花束状果枝（5 cm以下）。

图 5—1 桃树的芽
1. 短果枝上的单芽 2. 隐芽 3. 单叶芽 4. 单花芽
5～7. 复芽 8. 花芽剖面 9. 叶芽剖面

图 5—2 桃结果枝类型
1. 花束状果枝 2. 叶丛枝 3. 短果枝 4. 长果枝 5. 中果枝 6. 徒长性果枝

温室大棚果树安全种植技术
WENSHI DAPENG GUOSHU ANQUAN ZHONGZHI JISHU

● 树龄、品种不同,其主要结果枝类型有所不同。北方品种群幼龄树虽能见到长果枝,但结实率低,多以短果枝结果为好;南方品种群则以中长果枝结果为好。

> **专家提示**
>
> 设施条件下,高温、高湿及弱光照可加剧桃树地上部的营养生长。新梢与果实营养竞争突出,容易引起落花落果。管理中应注意控制新梢旺长,减少生长点和生长量,平衡梢、果间营养分配利用,是保障坐果与优质的重要措施。

 **结果习性**

1. 开花坐果

● 桃为两性花,自花结实能力强。但生产上有很多花粉败育品种,这些品种大多果实品质优良,在合理配置授粉树的条件下,仍可丰产。

● 桃开花时的日平均温度在10℃以上,最适日平均温度为12~14℃。日光温室促成栽培,花期明显长于露地栽培桃,一般为10~15天。气温低、湿度大则花期长,气温高、空气干燥则花期短。

 **专家提示**

设施桃生产中常出现以下现象，应予以注意。

◆ 自然休眠解除不充分，引起萌芽开花不整齐，花期延长，有时花期持续20～30天，严重影响坐果。

◆ 在自然休眠解除后至开花前，是桃树性器官发育的关键时期。此期设施内温度升幅过快，温度持续过高，则花期提早，但是性器官发育不良，坐果率低。

◆ 升温后气温上升快，地温上升慢，地温、气温不协调，也常引起萌芽迟缓，花期延长，出现"先叶后花"或"花叶同序"的现象，影响坐果和幼果发育。

2. 果实发育

● 桃果实生长发育曲线为双"S"形。果实生长发育要经历3个时期，即幼果膨大期、硬核期和果实迅速生长与成熟期。

● 果实生长发育动态与设施内温度、光照关系密切。从开花到成熟，适宜的温度和光照条件不仅可以促进果实发育，还可以缩短果实发育期，提早成熟；反之，温度、光照不适宜，则果实发育速度减缓，生育期延长。

● 此外，水分、肥力、病虫害等对果实发育也有不同程度的影响。

● 在生产中还发现长时间持续高温可抑制晚熟桃果实膨大，延长果实发育Ⅱ期；保护地栽培中，撤除覆盖物转为露地生产过早会使果实变小,果实成熟期推迟。

小资料

　　设施内果实品质差异较大,这与环境因子调控有密切关系。设施条件下桃果实明显增大。但与露地栽培相比,果实糖分下降、风味偏淡、缺乏香气,果实畸形率高,生理障碍增多,耐储性下降。

3. 花芽分化

● 桃树的花芽是由开花前一年夏秋季新梢叶腋部位的芽分化而成。桃树花芽分化经历生理分化、形态分化、性器官发育三个时期。

● 生理分化期一般于5月下旬至6月上旬开始,到7月下旬前后结束。成年树开始分化早,幼龄树则开始晚;弱树开始早,强旺树则开始晚;短梢开始早,长梢则开始晚,短梢要比长梢早20~30天;同一新梢下部的芽开始分化早,持续时间长,上部的芽开始晚,持续时间短;生长季长的地区开始早,结束晚,持续时间长,生长季短的地区则开始晚,结束早,持续时间短。

● 生理分化开始后不久即转入形态分化,至秋季落叶前可分化形成雌蕊原始体。随后,花芽停止分化,进入冬季休眠状态。

● 解除自然休眠后,随着环境温度的回升,花芽逐渐萌动,开花前40天左右开始性器官的分化,开花前10天左右花粉发育成熟。花芽萌动期(升温期)对环境温度反应十分敏感,温度过低则发育缓慢,温度过高则导致花粉败育,以致花芽脱落。

 **小资料**

◆ 自然休眠解除后不同的升温梯度可影响性器官发育和坐果，高温或不合理的变温（升温过快），可以提早萌芽、开花，物候期进程快，但花粉、胚囊败育率高，坐果率低，采取缓慢梯度升温，则花期整齐，花器发育正常，坐果率提高。此期需注意缓慢梯度升温。

◆ 设施桃、油桃的花粉生活力下降，花粉萌芽率显著降低，有的仅达 6.97%。注意花期人工授粉。

话题 2　适宜设施栽培的优良品种

 **适宜设施栽培的品种类型**

● 适宜设施栽培的优良品种分为普通桃类、油桃类和蟠桃类。

● 普通桃类的优良品种有：春捷、早醒艳、春艳、北农早艳、安农水蜜、青研桃 1 号、黄水蜜桃、大久保、晚蜜、秋红蜜和冬雪蜜桃。

● 油桃类的优良品种有：华光、早红宝石、早红珠、东方红、金山早红、瑞光 5 号、中油桃 4 号、中油桃 5 号、中油桃 6 号、双喜红和中油桃 7 号。

● 蟠桃类的优良品种有：早露蟠桃、早硕蜜、瑞蟠 8 号、瑞蟠 1 号和早黄蟠桃。

春捷

● 系山东农业大学育成的低需冷量毛桃新品种。需冷量 108～120CU（冷温单位），果实发育期 70～75 天。自花结实能力强，结果早，丰产。平均单果重 164 g，最大单果重 385 g。

● 果实底色淡黄色，阳面深红色，艳丽美观。果肉黄色，完熟表层果肉红色，肉质细脆，汁多，味道清香，甘甜略有微酸，品质中上等。

● 含可溶性固形物 10.4%，可滴定酸 0.3%，黏核，半硬核。

● 室温条件下可储放 15 天左右。

早醒艳

● 系辽宁农业职业技术学院选育的早熟品种。果实卵圆形，平均单果重 152 g，最大 351 g。

● 果皮橘黄色，阳面着红色晕。果肉橘黄色，近核处紫红色，硬溶质，汁液多。离核，可溶性固形物含量9%。

● 树势强健，树姿半开张，复花芽多，丰产。辽宁南部温室栽培12月20日盛花，3月3日果实成熟。

春艳

● 系青岛农科所果树室育成的极早熟品种。果实大，平均单果重150 g，最大250 g。

● 果皮底色乳白至黄色，果面鲜红色。黏核，果肉白色，可溶性固形物含量11%～14%。

● 树势强健，树姿开张，丰产性好。

北农早艳

● 早熟品种。果实近圆形，平均单果重134 g，最大250 g。

● 果皮底色浅绿，果面70%～80%鲜红色。半离核，果肉绿白色，肉质致密，成熟后柔软多汁，有香气。可溶性固形物含量11%～14%。

● 树势强健，树姿半开张，丰产。果实发育期74天。

安农水蜜

● 早熟品种。果实长圆形或近圆形，平均单果重250 g，最大600 g。

● 果面底色乳黄，上着美丽红霞。黏核，果肉乳白色，局部微带淡红色，汁液多。可溶性固形物含量11.5%～13.5%。

● 树势强健，树姿半开张。以中短果枝结果为主，复花芽多，丰产性好。无花粉。

青研桃1号

● 系青岛市农科所选育的早熟品种。

● 果实近圆形，果皮黄白色，平均单果重256.8 g，最大399.6 g。黏核，果肉白色，近皮部散生红色，近核处无红丝，汁液多，风味甜。可溶性固形物含量9.7%～13.2%。

● 树势中等偏强，树姿开张。复花芽多，丰产。花粉少。果实发育期73～74天。

黄水蜜桃

● 系河南农业大学选育的早熟品种。

● 果实椭圆形,平均单果重 160 g,最大 280 g,果皮金黄色,阳面鲜红至紫红色。离核,硬溶质,可溶性固形物含量 12.5%。

● 树势旺盛,树姿开张。复花芽多,以中长果枝结果为主,丰产。果实发育期 83 天。

大久保

● 果实近圆形,果顶圆微凹,平均单果重 250 g,最大 500 g 以上。

● 果面黄绿色,阳面红色。离核,果肉乳白色,风味甜香。

● 树势中等偏弱,树姿开张。复花芽多,以中长果枝结果为主,丰产。果实发育期 105 天。

晚蜜

● 系北京林果研究所育成的极晚熟品种。果实近圆形,平均单果重230 g，最大350 g。

● 果皮底色淡绿至黄白色，果面1/2以上着紫红色晕。黏核，果肉白色，近核处红色，硬溶质，汁液多，可溶性固形物含量12%～16%。

● 树势强健，树姿半开张。复花芽较多，丰产。果实发育期165天。

秋红蜜

● 极晚熟品种。果实圆形或近圆形，平均单果重250 g，最大512 g。

● 果皮底色淡绿至黄白色，果面1/3以上鲜红色。黏核，果肉黄白色，近核处红色，硬溶质，汁液多，味甜，可溶性固形物含量12%～16%。

● 树势强健，树姿直立。单花芽多，丰产。果实发育期165天。

冬雪蜜桃

● 系山东省青州市果树站育成的极晚熟品种。果实圆形，平均单果重110 g，最大200 g以上。

● 果皮底色淡绿，阳面暗红色。黏核，果肉乳白色，肉质细密，不溶质，硬脆甜，可溶性固形物含量18%～20%。

● 树势强健，树姿开张，丰产，果实发育期210天。

华光

● 由中国农业科学院郑州果树研究所育成。果实椭圆形，成熟期5月底至6月初，平均单果重100 g左右。果实发育期60～65天。

● 果皮底白色，全面着鲜艳玫瑰红色，颇为美观。风味香甜，品质佳，可溶性固形物含量13%左右。

● 自花结实，丰产性良好，是一个极早熟的白肉甜油桃。成熟期略早于曙光，是目前油桃成熟期最早的品种。

● 耐储运，无裂果现象，是设施栽培的优良品种。

早红宝石

● 由中国农业科学院郑州果树研究所育成。果实圆形，端正，平均单果重100 g，最大重150 g。

● 果面光洁艳丽，全面着红宝石色；果肉黄色，多汁，风味浓甜，有香气，黏核，含可溶性固形物12%。

● 坐果率高，丰产性好；果实发育期60～65天，6月初成熟。

温室大棚果树安全种植技术

华光油桃果实呈椭圆形,成熟期为5月底至6月初,平均单果重100g左右。

早红珠

- 果实近圆形,平均单果重 95 g,最大单果重 120 g。
- 果皮底色白,全面着鲜红色,有不明显斑纹,外观光洁艳丽;果肉白色,顶部稍有红色,肉质细,硬度中等;风味浓甜,芳香浓郁,含可溶性固形物 11.2%,黏核,耐储性良好,品质上乘。
- 果实发育期 60~65 天,6 月中旬成熟。

东方红

- 系江苏省丰县油桃研究所育成的早熟白肉甜油桃品种。
- 果实近圆形。平均单果重 98 g,最大 180 g,果皮底色白,80% 着玫瑰红色或全红色。黏核,软溶质。
- 树势中庸,树姿半开张,极丰产。果实发育期 45~50 天。

金山早红

- 系江苏省镇江市京口区象山果树研究所育成的极早熟黄肉油

桃品种。

● 果实近圆形。平均单果重 174 g，最大 340 g，果皮底色黄，果面宝石红色。黏核，肉质细脆，半溶质，汁液多，风味浓甜，可溶性固形物含量 12%～13%。

● 树势强健，树姿半开张，丰产。果实发育期 55 天。

瑞光 5 号

● 系北京林果所育成的早熟白肉甜油桃品种。

● 果实近圆形。平均单果重 145 g，最大 158 g，果皮黄白色。黏核，硬溶质，完熟后多汁，味甜，可溶性固形物含量 7.4%～10.5%。

● 树势强，树姿半开张，丰产。果实发育期 70 天。

中油桃 4 号

● 系中国农业科学院郑州果树研究所育成的早熟全红色黄肉甜油桃品种。

● 果实短椭圆形。平均单果重 148 g，最大 206 g。黏核，硬溶质，浓甜，可溶性固形物含量 14%～16%。

● 树势中庸，树姿开张，丰产。果实发育期 74 天。

中油桃 5 号

● 系中国农业科学院郑州果树研究所育成的早熟全红色白肉油桃品种。

● 果实短椭圆形或近圆形。平均单果重 166 g,最大 220 g。黏核,硬溶质,味浓甜,可溶性固形物含量 11%～14%。

● 树势中庸,树姿较直立,丰产。果实发育期 72 天。

中油桃 6 号

● 系中国农业科学院郑州果树研究所育成的早熟甜油桃品种。

● 果实近圆形。平均单果重 145 g,最大 217 g。果皮底色黄,果面着鲜红色。离核,桃香浓郁,可溶性固形物含量 12%～14%。

● 树势中庸,树姿较直立,丰产。果实发育期 80 天。

双喜红

● 系中国农业科学院郑州果树研究所选育的早熟黄肉甜油桃

品种。

● 果实圆形，果顶圆平。平均单果重 180 g，最大 220 g，果皮橙黄色，果面着红色至紫红色。离核，硬溶质，味浓甜，可溶性固形物含量 13%。

● 丰产。果实发育期 80 天左右。

中油桃 7 号

● 系中国农业科学院郑州果树研究所育成的中熟全红色黄肉油桃品种。

● 果实近圆形。平均单果重 175 g，最大 250 g。离核，硬溶质，味浓甜。可溶性固形物含量 15%～17%。

● 树势强健，树姿开张，丰产。果实发育期 115 天。

早露蟠桃

● 系北京林果所育成的极早熟白肉品种。

● 果实扁圆形。平均单果重 120 g，最大 190 g，果皮底色黄白色，果实阳面 1/2 以上着玫瑰红色晕。黏核，硬溶质，味甜，可溶性固形物含量 9%～11%。

● 树势中庸，树姿半开张，丰产。果实发育期60天。

早硕蜜

● 系江苏省农科院园艺所育成的早熟白肉品种。

● 果实扁平。平均单果重95 g，最大130 g。果皮乳黄色，果面有玫瑰红色晕。黏核，果肉柔软多汁，可溶性固形物含量11%～15%。

● 树势较强健，树姿开张，丰产。花粉败育。果实发育期65～68天。

瑞蟠8号

● 系北京林果所育成的早熟白肉品种。

● 果实扁圆形。玫瑰红色，果皮底色黄白。平均单果重125 g，最大180 g。黏核，硬溶质，风味甜，可溶性固形物含量10%～11.5%。

● 树势中庸，树姿半开张，丰产。果实发育期72～79天。

早黄蟠桃

● 系中国农业科学院郑州果树所选育的早熟黄肉品种。

● 平均单果重95 g。果形扁平。果皮黄色，果面70%着玫瑰红晕和细点。半离核，软溶质，味甜，香气浓郁，可溶性固形物含量13%～15%。

● 丰产，果实发育期85天。

瑞蟠1号

● 系北京林果所育成的早熟白肉品种。

● 平均单果重178 g，最大260 g，果皮底色黄白，上覆玫瑰红色。半离核，硬溶质，风味甜，可溶性固形物含量9%～13%。

● 树势中等，半开张，丰产。果实发育期88天。

话题 3 设施桃园的规划与建设

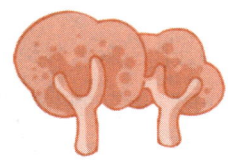 **设施园地的选择**

根据桃树对环境条件的适应性及设施性能及建造施工的要求,设施园地的选择应注意以下问题。

● 桃树喜光,平原地区要求周围空旷开阔,东、南、西三面无高大树木、建筑物等遮挡。

● 附近无烟尘、粉尘、有害气体及其他污染源,包括工矿区、化工厂、皮革加工厂、造纸厂、垃圾填埋场和交通流量大的高速公路、省市级公路等,周边及生产环境,包括土壤、空气、水质等均要符合国家无公害果品生产的要求。

● 桃根系需氧量高,耐水性差,喜中性和微酸性土壤。应选择pH值为 4.5～7.5,含盐量在 0.2% 以下,地下水位不高于 1 m,地势相对较高,排水通畅的地方建园。忌在低洼地和地下水位高处建园。在黑黏土、黄黏土和中南部地区的红黏土以及盐碱地上建园时,必须进行土壤改良。

温室大棚果树安全种植技术
WENSHI DAPENG GUOSHU ANQUAN ZHONGZHI JISHU

● 桃树忌重茬，所选地块要在近3～5年内没有种过桃树等核果类果树。避开林地、苗圃地或其他果树的迹地。

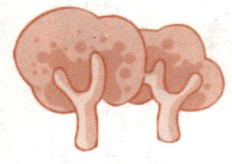

栽培模式的选择

桃树设施栽培模式可分为促成栽培、延迟栽培和防护栽培三种。栽培模式的选择主要考虑产地的气候条件、生产成本、产量和市场竞争优势等。

● 东北、西北及华北北部高纬度地区生长季短，冬季严寒，桃树进入和解除自然休眠早，促成栽培的果实成熟上市最早；该地区被迫休眠时间长，萌芽晚。因此该地区既可以利用日光温室进行促成栽培，又可以进行延迟栽培。

● 长城以南黄河以北地区秋冬季节到来较早，冬季低温时间较长，冬季气温及光照强度显著高于长城以北地区。该地区种植的桃树进入休眠期早，解除自然休眠也较早，适于进行促成栽培。由于该地区冬季严寒天气相对较少，利用日光温室进行促成栽培基本不用加温，夜间用1～2层草苫覆盖保温即可，加之果实成熟上市较早，产量较高，生产成本相对较低，市场竞争优势明显。

● 黄河流域至福州、南昌、长沙以北地区生长季长，冬季低温时间短，不具备日光温室促成和延迟栽培的气候条件，设施桃栽培应以低需冷量品种塑料大棚促成栽培为主，也可选用普通优良品种进行防霜防雨栽培，从而提高坐果率和果实产量，进而提高生产效益。塑料大棚建造及运行成本较低,是目前我国冬季较温暖地区桃树促成栽培的主要设施类型。

● 福州、南昌、长沙以南地区,生长季进一步加长,冬季低温时间进一步缩短,除少数高海拔山区以外,冬季低温量均无法满足多数桃品种解除自然休眠的低温需求,不具备产期调节栽培的条件。该地区桃树生产可选择低需冷量品种进行花期防雨栽培。

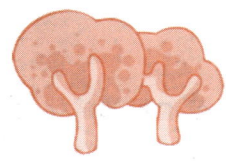

建园技术

1. 品种与授粉树配置

● 栽种品种数量与发展规模、栽培模式、果品销售方式等因素有关。如果栽培面积小,栽植的品种应少,2～3个品种即可,栽培面积大的,品种数量应随之增加,以便适当排开成熟上市时间。但每个品种都要达到一定数量,以便于运输及销售。以观光采摘方式销售果品的,栽植品种应适当增加,以延长采摘期并满足采摘者的不同需求。

● 桃树设施栽培应合理配置授粉树。一般同一设施内等比例相间栽植2～3个品种即可,每2～4行1个品种,所栽品种间互为授粉品种。同一设施内栽植品种的需冷量、需热量和花期要基本一致。

2. 栽植密度与行向

● 桃树设施栽培一般要求在定植后的第二个生长季丰产。因此,生产中栽植密度确定主要依据定植当年桃树花芽分化期所能达到的冠幅、长枝量和拟采用的树形而定。栽植行距比冠幅大 0.5～1.0 m。目前，生产中多采用高密度计划密植，依靠密度增加前期产量。常采用 1 m×1 m、0.8 m×1.2 m、1 m×1.5 m 的株行距，一般栽后第二年即可丰产，待 2～4 年后树冠密闭时隔株或隔行间伐。也有采用（1.5～2 m）×（2.5～3 m）的株行距永久定植。

● 一般日光温室栽培行向全部为南北行，后墙前面留出 1.5～2 m 作为通道；塑料大棚栽植行向与棚的走向相同。

3. 定植技术

● 苗木准备　选择优良品种、优质苗木建园。苗木可选择优质的芽接苗、速生苗或一、二年生成品苗。也可选用经 1～2 年培养的花芽大苗（预备苗）。定植前严格进行苗木分级整理，剪平主根与侧根先端的断口，去除嫁接部位残留的绑缚物等。在定植前将根系浸水 12～24 小时，然后用 0.3% 的硫酸铜浸根 1 小时；或用 3 波美度石硫合剂喷布全株；或用根癌宁（K84）生物农药 30 倍液浸根 5 分钟消毒。

● 整地、施肥　苗木定植前，在设施内或准备建设施的园址进行深翻整地，可全园撒施优质腐熟有机肥后，进行全园深翻，深度 30～40 cm，有机肥与土混匀，然后按株行距，定点挖定植穴。起垄栽培时直接用表层土与有机肥混匀后起垄，垄向与行向相同，垄高 30～40 cm，垄宽 50～60 cm。有机肥应选择充分腐熟的优质圈肥、堆肥、厩肥、动物粪便等，施用量一般为每 667 m² 施用 4～6 m³。

● 定植时间　露地定植应在春季土壤解冻后至苗木萌芽期进行，

在保证苗木不发芽的前提下，适当推迟定植时间，有利于提高成活率。设施内定植时间可比露地提早1个月左右，以延长当年生长时间，但不宜过早，以防在设施内徒长，影响花芽分化。

4. 定植后当年管理

● **提高苗木成活率**　定植后应尽快覆地膜并进行苗干套纸袋或塑膜袋。

● **加强肥水管理，促进营养生长**　缓苗后应及时进行灌水、中耕除草和病虫害防治。当新梢长到20 cm以上时，开始第一次少量追肥，每亩撒施10 kg尿素，以后逐次加大用量。一般至7月上旬前追施2～3次。可多次叶面喷肥，一直喷至落叶。

● **加强夏剪，增加枝量，调控树体结构，均衡长势**　前期（7月底前）应促其旺长，通过摘心促生二次枝、三次枝，最大限度地增加枝叶量；利用拉枝、拧枝等均衡和缓和生长势，促生短枝，为花芽形成奠定基础。8月份以后及时采用轻摘心或喷施生长延缓剂，控制后期旺长，促进花芽形成。

● **缓和生长势，促进花芽分化**　7月中、下旬是促进设施桃花芽分化的关键时期。此期应控制灌水，停止地下追施氮肥，施入适量磷钾肥；加强叶面喷肥，每7～10天喷1次0.3%磷酸二氢钾或光合微肥，连续喷至落叶。7月中旬至8月下旬，叶面喷施15%的多效唑150～300倍液（1～3次），间隔期15～20天，抑制新梢旺长，促进花芽分化。

● **秋施基肥，提高储藏营养**　9月下旬至10月中旬进行秋施基

温室大棚果树安全种植技术

肥。施肥量为每 667 m^2 施用 3～4 m^3 优质有机肥，25% 桃树缓释平衡肥 100 kg。一般采用地面撒施后浅翻盖，深度 5～10 cm，然后灌水。

专家提示

◆ 桃树定植后的管理关键是保成活；前期促进营养生长、增加枝量，迅速扩大树冠；后期采取综合措施缓和生长势，促进新梢停长和花芽分化。

◆ 喷施多效唑是控制新梢旺长促进花芽分化的有效途径，但喷施多效唑应适量，剂量过大会影响第二年桃树的生长，剂量过小促花作用不明显。

话题 4 设施桃树管理技术

整形与树体控制

1. 树形选择

● 设施桃树常用树形有双主枝"Y"字形（见图 5—3）、纺锤形（见

图5—4)、开心形(见图5—5)和倾斜单干形(见图5—6)。日光温室桃栽培中,设施内前后可选用不同的树形,如中后部选用有中心干的纺锤形,前部选用小开心形、双主枝"Y"字形,形成前低后高立体群体结构,以充分利用空间立体结果。

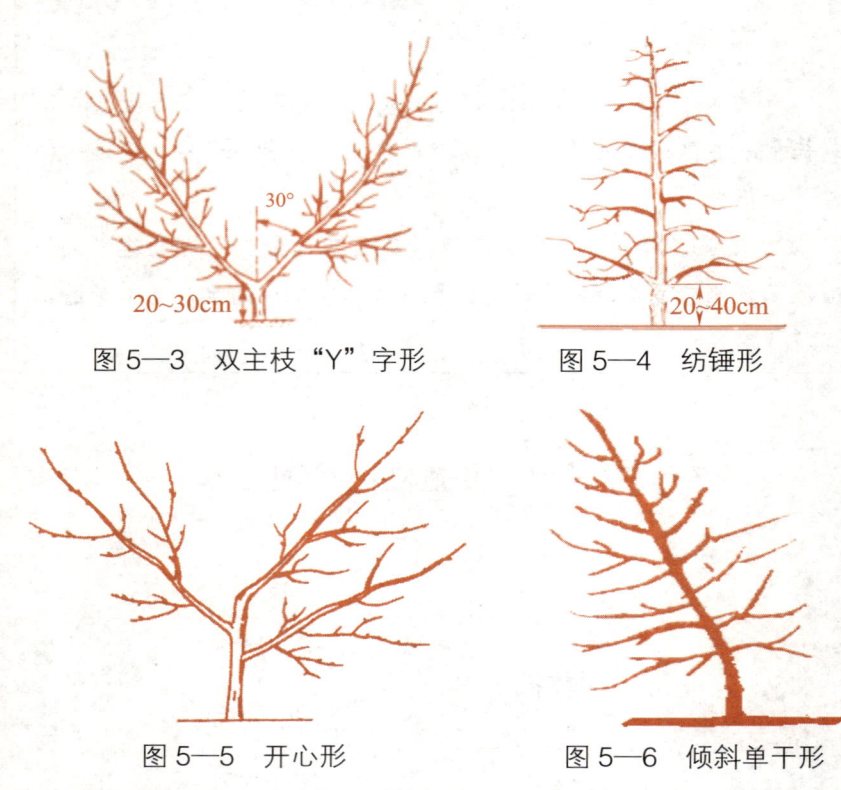

图5—3 双主枝"Y"字形　　图5—4 纺锤形

图5—5 开心形　　图5—6 倾斜单干形

● 设施栽培无论采用哪种树形,只要调整好群体结构和树体结构,均可实现高产优质。在结构调整中主要考虑树高、骨干枝枝头间距、结果枝留量和树冠内各部位生长势均衡。

● 为便于操作管理，保证通风透光，一般树高应低于设施棚膜 0.5～1.0 m，随设施高度变化进行调整；骨干枝枝头间距不小于 50 cm；修剪后 30 cm 以上长果枝留量 8～12 个/m² 营养面积，树冠内枝组分布应上部小而稀，控制上强和外强，使上下、前后各部位生长势均衡，并保证叶幕形成后树冠投影部位光斑面积占投影面积 30% 以上。

2. 树体控制

桃树控冠有以下几条途径：

● **加强生长季修剪**　生长季采用拉枝、扭枝、摘心、疏剪、回缩及应用生长延缓剂等方法控制枝梢生长量和延伸长度。

● **化学药剂控冠**　在桃树上叶面喷施多效唑、PBO 或土施多效唑，对新梢生长和树冠扩大有明显的抑制作用。

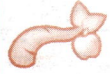 **小资料**

多效唑使用方法

◆ 叶面喷施多效唑一般在幼果期和花芽分化期（7 月中下旬）进行。

◆ 喷施浓度一般为 15% 多效唑 150～200 倍液。

◆ 土壤施用在秋季 9 月下旬，用量 3～4 mg/株。

反保温、升温及覆盖物撤除时期

1. 促成栽培

● **反保温与升温**　日光温室或加温温室促成栽培一般自然休眠解除后即可开始升温。生产中常进行"反保温",以达到提早满足需冷量解除自然休眠的目的,即在秋季平均气温低于10℃时(最好在7～8℃)开始扣棚保温,防寒物的揭放与正常保护时相反,白天覆盖遮阳,关闭放风口,夜间揭起覆盖物,开启风口让冷空气进入而降温。多数桃品种反保温处理30～50天,即可满足理论需冷量,解除自然休眠。主要桃品种理论需冷量的参考值见表5—1。

表5—1　主要桃品种的需冷量

品种	需冷量(0～7.2℃,小时)		品种	需冷量(0～7.2℃,小时)	
	花芽	叶芽		花芽	叶芽
早露蟠桃	570	640	瑞光11号	640	640
砂子早生	570	570	早花露	650	650
早乙女	570	640	雨花露	650	650
瑞光7号	570	640	早美	660	650
瑞光1号	570	610	京春	650	660
庆丰	570	640	瑞光5号	660	690
北农早艳	570	640	瑞光4号	660	710
京红	570	640	瑞光2号	660	690
双丰	570	640	早久保	710	710
朝霞	640	640			

专家提示

◆ 日光温室促成栽培升温是在满足需冷量后进行，但桃树在温度相对稳定的反保温条件下，解除休眠的需冷量要大于自然变温条件下的需冷量。因此实际生产中要适当延长反保温期，在理论需冷量上加10%～20%的安全系数，以保证休眠充分解除。

◆ 塑料大棚促成栽培扣棚升温一般在春季日平均温度稳定在0℃以上后开始。

● **覆盖物的撤除** 应在果实成熟采收后或室外夜间温度稳定在10℃以上后撤除覆盖。一般以采后撤除为宜，撤除过早，温度过低或昼夜温差过大，会抑制果实发育，延迟成熟。

2. 延迟栽培

● **反保温** 在早春被迫休眠解除前进行，通过反保温降低温度，延长被迫休眠期。降温主要有设施内安装制冷设施和盆栽桃树冷库集中冷藏等方式。

● **升温时期** 被迫休眠后升温时期的确定主要考虑采用反保温延长被迫休眠的可能性、开始升温至开花期温度缓慢上升的可控制性和控制成本。一般升温越晚，控制成本越高，温度调控难度越大。

● **覆盖物的撤除** 在延迟栽培中，依据果实成熟有两种情况。一是果实在自然条件下能够正常成熟，后期不需要设施覆盖管理。果实采收后至翌年被迫休眠解除前按照露地栽培管理，其后反保温进入被迫休眠。二是果实成熟期晚，在自然条件下不能正常成熟，需要利用设施覆盖升温，果实才能发育成熟。设施覆盖升温一般是在秋季夜间温度降至10℃之前进行，以保证果实的正常生长发育。果实采收后一般不去除覆盖物，而是逐渐降低温室内的温度，提高桃树的耐寒能力。自然落叶后的温度控制既要保证满足需冷量，又要防止冬季枝芽冻害。

设施内温度与湿度的控制

1. 温度

● **休眠期** 日光温室及加温温室促成栽培，要尽量将设施内的温度调整至0～7.2℃范围内，以尽快满足需冷量，解除自然休眠。延迟栽培的温度管理，在自然休眠阶段温度适应范围较广，保证萌芽前满足需冷量而枝芽不受冻害为宜；在萌芽前则依据控温条件和需要延迟物候期的时间调控温度。在保证枝芽不受冻害条件下，反保温降温越早、温度越低、萌芽及开花物候期进展越慢。

● **升温期** 开始升温到开花，温度要逐渐上升。一般经过30～50天进入开花期较适宜。升温的起点温度应低一些，以自7℃左右开始为宜，升温要缓慢平稳，升温幅度应控制在每周2～3℃，经4～7周至花期时设施内白天温度达到22℃左右。

● **促成栽培地温** 促成栽培中地温影响最大的时期是升温期。促成栽培开始升温后气温上升快，地温上升慢，为提高地温，可在地温较高时即进行反保温及地膜覆盖，埋设地热线或酿热物增温，至开花期地温以达到 15～20℃为宜。

● **保护地桃树花期** 保护地桃树花期长短与温度有关，花期温度高，花期短。花期最适气温为 8～22℃，最高 25℃，最低 2～5℃。

● **果实发育期温度** 果实发育期适宜温度为 10～30℃，白天最适气温为 20～28℃，最高不超过 35℃，夜间适宜温度 10～15℃；昼夜温差保持在 10～15℃为宜。

2. 湿度

● **空气湿度** 设施内空气湿度控制指标随桃树发育时期而变化。反保温期以及升温至开花前，空气相对湿度应适当高一些，为 70%～80%，也不会影响桃树的生长发育；开花期相对湿度宜相对降低，白天应控制在 40%～60%；幼果发育期相对湿度控制在 60%～70%；果实发育后期至成熟期相对湿度控制在 60% 左右。

● **土壤湿度** 设施覆盖减弱了地面水分散失，设施内土壤湿度相对较高，应适当减少浇水次数及灌水量。土壤水分过多，土壤通气不良，会引起枝条徒长和发生流胶、花芽分化不良、果实色泽差，并引起裂果和病虫害发生。土壤相对含水量控制在 60% 左右为宜。

● **调控措施** 桃设施栽培中，一般在覆盖前充分灌水并覆盖地膜保湿，覆盖期一般不灌大水，如需灌水，最好采用膜下滴灌或行间沟灌，且水量要小；桃树花期和生理落果前不灌大水，以防降低地温，加速新梢旺长，造成落花落果；果实发育后期应适度控制灌水，以防降低果实品质和引起裂果。为降低设施内湿度，灌水后要进行地膜覆盖，湿度过高时放风降湿，湿度小时，采用地面浇灌或空间喷雾来调节。

花果管理

1. 提高设施桃树坐果率措施

● 建园时选择自花结实力强、坐果率高的品种，配置足够的授粉树，增加授粉树品种和配置比例。

● 采取综合的技术措施，提高花芽质量，合理负载，提高坐果率。

● 适期扣棚升温，保证休眠充分解除。

● 加强开始升温至开花期的温度调控。桃树一般从升温到开花要经过35～50天的缓慢升温，才能正常开花结果。升温的起点温度应低一些，以自7℃开始为宜，升温要缓慢平稳。

● 花期温湿度调控：最高温20～24℃，低温7℃以上，相对湿度50%左右。

● 加强花期管理，创造授粉受精条件。

2. 疏花疏果

● **疏花从花芽膨大至花期，可分期进行** 先疏花芽，再疏花，然后在幼果期进行疏果。疏花主要疏除结果枝下部的花蕾和花朵，中上部的双花疏1朵，留1朵。也可采用同样的方法疏花芽。

● **疏果分两次进行** 一次是在生理落果开始后至硬核期前进行。

坐果率高的品种可在花后1周进行，一般品种在出现大小果后进行，留果量一般比定果量多30%左右。第二次为定果，在生理落果后进行。疏果应先疏除结果枝基部果、萎黄果、小果、畸形果、病虫果及并生果。疏果应由内而外逐枝进行，以免漏疏。设施栽培栽植密度大，为提高产量和树体控制，一般不留树冠延长发育枝和预备枝，定果时外围壮枝应多留果。

3. 果实套袋与分期采收

● 幼果期套袋，成熟前10天除袋，摘除果实周边遮光叶片，转果改变果实阴阳面，促进果实着色。

● 设施栽培果实成熟度差异大，成熟期延长，应分期采收，有利于留下的果实进一步发育，促进增大和上色，提高商品价值。

肥水管理技术

● 设施桃施肥应以有机肥为主，减少化肥用量，以提高土壤有机质含量，改善土壤结构和理化性状，为果树提供充分而全面的养分。提倡秋季新梢停长后及早施用有机肥。有机肥必须腐熟，一般采用地面撒施后浅翻的方法施用，施用量为3 000～4 000 kg/667 m^2。

● 设施桃覆盖期一般不进行土壤追肥，可进行多次叶面喷肥。如果基肥量不足，促成栽培可在果实采后追肥；延迟栽培可在果实发育后期进行追肥。

● 水分管理上，一般在覆盖前充分灌水并覆盖地膜保湿，覆盖期一般不灌大水，如需灌水，最好采用滴灌或行间沟灌，且水量要小。

 **病虫害防治**

1. 主要虫害的防治

● 蚜虫　清除枯枝落叶，剪除被害枝梢集中烧毁。桃蚜对白色和黄色有趋光性，可设置黄色器皿或挂黄色黏胶板诱杀。萌芽期和虫害发生期，除施用烟雾剂外，还可喷吡虫啉、苦参碱、烟碱乳油等防治。

● 桃小食心虫　成虫羽化前，在树冠下覆盖地膜，以阻止成虫羽化后飞出。成虫羽化出土前翻树盘并用杀虫剂处理土壤，杀死羽化成虫。在成虫羽化产卵和幼虫孵化期及时喷药，可喷灭幼脲、杀铃脲等防治。

● 螨类　休眠期清扫落叶，刮树皮，翻耕树盘和清除地下杂草，消灭越冬雌虫。在越冬雌成虫进入越冬前，树干绑草把，早春出蛰前解除绑草烧毁。利用天敌东方钝绥螨和西方盲走螨进行防治。发芽前喷3～5波美度石硫合剂；发生时喷阿维菌素、苦参碱、浏阳霉素等防治。

● 桃潜叶蛾　休眠期彻底清除落叶，集中烧毁，消灭越冬蛹。成虫发生期和幼虫孵化时，可用灭幼脲、杀铃脲防治。

● 桑白介壳虫　休眠期用硬毛刷刷掉枝条上的越冬雌虫，并剪休眠期用硬毛刷刷掉枝条上的越冬雌虫,并剪除受害枝条集中烧毁。

除受害枝条集中烧毁。萌芽前喷 3～5 波美度石硫合剂。桑白蚧严重的可于休眠期喷 3%～5% 的柴油乳剂。在幼虫出壳，尚未分泌蜡粉之前的一周内用药效果较好，可喷施敌杀死、扑虱灵等防治。

2. 主要病害的防治

● **穿孔病** 选择抗病品种。加强管理，增强树势，提高树体抗病力。结合修剪及时剪除病枝，清除病叶。花芽膨大期喷施 3～5 波美度石硫合剂；落花后喷施农用链霉素；展叶后至发病前，喷施代森锰锌、苯菌灵等防治。

● **桃炭疽病** 选择抗病品种。加强管理，增强树势，提高树体抗病力。清除僵果、病果、病枝、病叶。萌芽前喷 3～5 波美度石硫合剂。花前和落花后喷药防治，药剂可用甲基托布津、多菌灵、代森锰锌、大生 M45 等。

● **桃褐腐病** 结合修剪做好清园工作，彻底清除病果、病枝，集中烧毁。及时防治害虫，减少虫害和虫伤。发芽前喷布 5 波美度石硫合剂；落花后 10～15 天喷代森锰锌、甲基托布津进行防治。花腐发生严重的果园，可在花前、花后各喷 1 次速克灵或苯菌灵防治。

● **疮痂病** 清除病枝、病果，消灭病原。萌芽前喷 3～5 波美度石硫合剂。于落花后 1 周至采前半月，每隔 15 天喷布一次多菌灵、代森锰锌等杀菌剂。

第六讲 设施杏安全生产技术

话题 1 设施杏树生长发育规律

我国杏树设施栽培始于20世纪90年代中期，是目前设施栽培技术中最为成熟的树种之一。我国设施杏生产以山东、河北、河南、北京、天津、山西、陕西、辽宁为主。目前，我国杏树的设施生产主要是早熟促成栽培。促成栽培果实成熟上市期为3月中下旬至5月中旬。由于淡季供应，数量稀少，果品价格高，效益好。杏设施栽培产量可达1 500～2 500 kg/666.7 m^2 以上，售价6～10元/kg，产值可达0.9～2.5万元/666.7 m^2，是露地栽培杏的几倍至十几倍。

生长结果习性

1. 生长习性

（1）根系

● 杏树的根系非常发达。通常分布于20～60 cm。杏树喜酸性土壤环境。在水肥条件好的沙壤土、壤土中，根系生长快且发达；而在土壤瘠薄，黏性大、易板结、透气性差的土质生长发育不良。土壤高湿、透气性差会造成根系的死亡。

● 在一年中杏根系没有自然休眠期，土壤温度适宜全年均可生长。春季一般在开花发芽后达到第一次发根、生长高峰，在杏果实发育、新梢生长盛期根系活动转入低潮，果实成熟采收后，出现第二次生长高峰。

（2）芽　杏树的芽有花芽、叶芽两种类型。杏花芽为纯花芽，1个花芽内只有一朵花。发育枝基部的芽往往成为隐芽，一般情况不萌发。隐芽寿命长，有利于更新。

（3）枝　枝是由叶芽萌发后长成的，可分为结果枝和营养枝两类。

● 营养枝　生长量大，生长势强，在幼龄时期生长旺盛，新梢年生长量可达2 m以上。杏树萌芽率较高，成枝力弱。1年生发育枝除顶部抽生1～3个中、长枝外，下部大都抽生中、短枝。

专家提示

◆ 设施条件下杏树的萌芽率和成枝力均有提高。因此，应加强生长季修剪控制新梢生长，促进坐果和果实发育。

◆ 生长季连续摘心、拧枝、扭梢等可促发分枝，成为幼树增加枝量，促进枝类转化的主要措施。

● 结果枝　按长度分为长果枝、中果枝、短果枝和花束状果枝

(见图6—1)。一般长果枝长度在30 cm以上；中果枝15～30 cm；短果枝5～15 cm；花束状果枝短于5 cm。

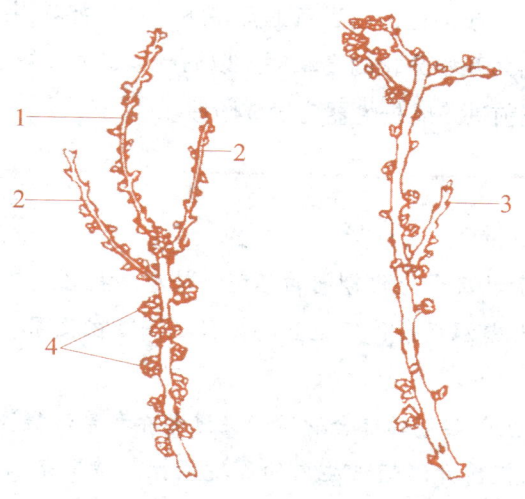

图6—1 杏树结果枝
1. 长果枝 2. 中果枝 3. 短果枝 4. 花束状果枝

长果枝生长势强，生长时间长，停止生长晚。长果枝具有结果和发出优质新梢的功能，是幼龄旺树主要的结果枝，但花芽质量不如中、短果枝。短果枝、花束状果枝，生长期短，年生长量小，形成花芽质量好。中果枝长势居中，形成的花芽数量多质量较好，结果能力强。幼树、旺树长、中果枝所占的比例多，随着树龄的增长，长、中果枝比例逐渐减少；短果枝比例增加。盛果期以后短果枝及花束状果枝比率占80%～85%以上。

2. 结果习性

（1）花芽分化　花芽是在头年秋季形成的。杏树新梢生长到一定阶段，生长减缓或停止，在适宜的环境下，即开始花芽分化。6月下旬至7月上旬为开始分化的高峰期。以后陆续进入花器官的分化。此后至翌年开花前进入雌雄性器官形成阶段。

> **专家提示**
>
> 　　树体营养状况和分化期间的环境条件影响花芽质量，特别是休眠期间至开花前温度条件不适宜，会引起性器官败育，影响开花坐果。
>
> ◆ 加强生长后期的综合管理，促进营养积累，提高花芽质量。
>
> ◆ 加强花前升温期设施内的环境调控，特别是温度环境要适应性器官发育。要缓慢梯度升温。

（2）开花坐果

● 杏开花早。温度、品种、树龄、果枝类型以及花芽在枝条上的部位等影响开花早晚。华北地区日光温室促成栽培开花时间在1月下旬至2月上中旬。设施内同一品种开花期多为5～10天，幼龄树稍长一些。

● 杏花芽分化容易，花量大，但性器官形成和完善期间常受不良内外因素的影响而形成大量败育花，这是生产中杏坐果率低的主要原因。

● 杏为虫媒花。原产我国的杏，自花结实率低，需配置授粉树，进行花期放蜂和人工辅助授粉。杏花粉发芽所适应的温度条件比较广泛，温度 10～23℃下均可发芽，在 17～23℃下保湿培养 2 小时即可发芽，6 小时达到发芽高峰。

专家提示

一般杏花开放后当天授粉受精效果最好，设施栽培杏开花期延长，因此应进行多次授粉。

（3）落花落果

● 杏树花量大，但常因树体营养不良、花期发育异常、授粉树不适宜或没有授粉受精条件、花期前后环境条件恶劣等，导致落花落果，降低坐果率。树体营养水平高，完全花比例高，花质量好，环境条件适宜，则坐果率高。恶劣的环境条件，如严重干旱、持续低温或高温、病虫害等也会造成落花落果从而降低坐果率。另外修剪不当，刺激枝条旺长，浇水过多，或微量元素缺少等都会造成落花落果。

● 杏树落花落果有 3 次高峰。第 1 次在谢花后子房未膨大时即脱落，主要原因是树体衰弱、花芽质量差、花期低温冻害、不能正常授粉等。第二次是落幼果，落花后 15 天左右，子房有黄豆粒大小时，小果变黄脱落，多因授粉受精不良而引起；第 3 次发生在硬核前。主要原因是坐果过多，新梢生长弱，营养供应不足或新梢生长过旺，与果实争夺营养等。

温室大棚果树安全种植技术

 ## 对环境条件的要求

1. 温度

● 杏树喜冷凉,耐寒,生长季能耐较高的空气温度。

● 土壤温度达到 4～5℃时开始生长新根,花蕾及幼果对低温反应敏感,一般品种冻害的临界温度,蕾期为 -5～-3.9℃,花期为 -2.8～-2.0℃,幼果期 -1～-0.6℃。

● 杏树必须满足需冷量,才能解除休眠。杏树需冷量一般为 700～1 000 小时。设施促成栽培在满足需冷量后即可进行升温。

2. 光照

● 杏树喜光,光照充足时,枝条发育充实,花芽分化好,坐果率高,品质优良。反之枝条易徒长,花芽质量差,败育花多,坐果率低,色泽差,品质低劣。

● 设施栽培杏树,应注意调整光照,要经常清洁棚膜,保持采光面光亮,提高透光率;地面要铺设反光膜,墙壁张挂反光幕,增强室内光照强度;树体应稀疏留枝,以利改善设施内光照条件。

3. 土壤

杏树对土壤条件适应性较强,除通气差的黏重土壤外都能正常生

长，但以在土层深厚肥沃，排水良好的沙质壤土上生长结果最好。杏树也较耐盐碱，在总含盐量为 0.1%～0.2% 的土壤中可以生长良好，超过 0.24% 便会发生伤害。

 专家提示

杏树忌重茬，不能在种植过桃、杏、李、樱桃等核果类果树及苗圃地上种植。

4. 湿度

杏树耐干旱，怕水涝。花期空气湿度过大，不利于开花和授粉受精，影响坐果。

话题 2　适宜设施栽培的优良品种

 **凯特**

● 引自美国。果实大，平均单果重 92 g，最大 138 g；果实近圆形，果皮底色浅黄，果面鲜红色，有光泽，极美观；果肉黄色，质细，浓香，酸甜可口，鲜食品质极佳。

温室大棚果树安全种植技术

● 山东泰安6月中旬成熟,较耐储运。嫁接树栽后第二年开始结果,最高株产可达16 kg,四年生株产32 kg。长势强,发枝粗壮,分枝力强,成形快,早果性好,完全花比例高,自花结实力强,适应性较强,抗霜冻。

● 栽培时应选微酸性、有水浇条件、排水较好的地块栽培。是目前保护地栽培的主要品种。

金太阳

● 引自美国。果实较大,平均单果重60.5 g;最大果重70 g;扁球形,果顶平,缝合线浅平,两半部对称,果面光洁,底色金黄色,阳面着红晕,外观美丽。

● 果肉黄色,肉厚1.46 cm,可食率为96.8%,离核。肉质细嫩,纤维少,汁液较多,有香气,品质上等。

● 果实完熟时可溶性固形物14.7%;总糖13.1%,总酸1.1%,风味甜,适合大多数人的口味。抗裂果。较耐储运,常温下可放5~7天,在0~5℃条件下,可储藏达20天以上。

● 该品种自花结实能力差,保护地栽培应注意配置授粉树和通过人工授粉提高坐果率。

红丰

- 山东农业大学选育。
- 树姿开张,枝条自然下垂,长、中、短枝均能坐果,败育花比率低。
- 开花晚,抗冻力强,果实成熟早,果实发育期60天左右,比凯特杏早熟20天左右。
- 平均单果重56 g,最大果重70 g,果面光亮,果实底色黄色,阳面鲜红色,着色面占果面1/2以上,极美观,肉细汁多纤维少,香味浓,品质优良。需配置授粉树和人工辅助授粉。

红荷包

- 原产于济南。果实中大,平均单果重45 g,最大70 g;果实椭圆形,果皮红色,有光泽;果肉细,汁多,浓香,味甜可口,鲜食品质上乘。
- 早熟品种。嫁接树栽后第三年开始结果。栽培时应选微酸性、有水浇条件、排水较好的地块栽培。保护地栽培应注意配置授粉树和通过人工授粉提高坐果率。

新世纪

● 山东农业大学选育。果个大、品质优、成熟早是该品系的优点,平均单果重68.2 g,最大果重90 g,果实底色橙黄色,彩色为粉红色,肉质细,香味浓,品质佳。

● 开花晚抗霜冻,虽然坐果率不如红丰高,但明显高于红荷包、二花槽、巴旦水杏等目前生产主栽品种。保护地栽培应注意配置授粉树和通过人工授粉提高坐果率。

玛瑙杏

● 属欧洲杏,原产于美国加利福尼亚州。果实中等、整齐,平均单果重55.7 g,最大的94 g。果实长圆形,果面橘黄色带有红晕,果肉厚,汁多,味酸甜,品质上等。耐储运,适应性广。树势中庸,树姿开张,自花结实,坐果率高,丰产。

● 设施栽培的品种还有意大利1号、红玉、二花槽、骆驼黄、山黄杏、兰州大接杏、华县大接杏、水晶杏等。

话题 3　设施杏园的规划与建设

园地选择

● 选择在不易积水、地势平坦、地下水位在 1 m 以下，土质疏松、排水通畅、酸碱度近中性至微碱性的沙质壤土上建园。

● 建园地要背风向阳，周围没有高大遮阴物，交通方便，最好靠近城市近郊。

● 不在低洼地和地下水位高、老果园及林果苗圃等忌地上建园。

● 轻度盐碱地、黏土地需经土壤改良后建园栽树。

● 丘陵、坡地，应选择背风向阳的南坡，梯田宽度应在 6 m 以上，日光温室的后墙可借靠梯田后壁或坡地后沿。

● 园地周围要有水源，保证灌溉用水。

栽植前准备

1. 苗木准备

● 选择优良杏品种，优质苗木建园。

温室大棚果树安全种植技术
WENSHI DAPENG GUOSHU ANQUAN ZHONGZHI JISHU

苗木定植前，应在设施内或准备建设施的园址进行深翻耕地。

- 应选择品种纯正、芽体饱满、茎干粗壮、无机械损伤、无病虫危害、根系完好、根量大的成苗,也可选择根系发达的半成苗和预备苗建园。
- 在定植前将根系浸水 12～24 小时,然后用 0.3% 的硫酸铜浸根 1 小时;或用 3 波美度石硫合剂喷布全株进行消毒。

2. 整地、施肥

- 苗木定植前,应在设施内或准备建设施的园址进行深翻整地,有条件的可全园撒施优质腐熟有机肥后,进行全园深翻,深度 30～40 cm 左右,有机肥与土混匀,然后按株行距,定点挖穴。
- 地面平栽也可直接按行距挖定植沟,沟宽 50～60 cm,深 30～40 cm,沟内施腐熟优质有机肥,与土混匀回填,灌大水沉实。

定植技术

1. 栽植密度和方式

- 为达到早期丰产,同时兼顾管理方便,长期丰产稳产,生产中栽植密度一般为(1～1.5)m×(2～3)m。如管理控制到位,4～5 年内不需间伐。
- 也可采用计划密植,定植时加大密度,如采用 0.7 m×(1～1.5)m,2～3 年后隔株去株,隔行去行。
- 设施杏树栽培一般采用南北行向,行距大于株距的长方形栽培方式。

2. 授粉树配置

● 授粉树一般采用1～4∶2～4的比例配置。

● 设施内最好授粉树和主栽品种均匀分布,即每行都有授粉和主栽品种,以利于蜜蜂授粉。一栋设施内,最好栽植2～3个品种,以相互授粉。

3. 栽植时期

● 普通苗木应在春季土壤解冻后至苗木萌芽期定植。

● 预备苗可于初夏或秋季落叶期直接定植于设施内,当年冬季即可扣棚覆盖。初夏移栽的时间一般不迟于6月中旬,否则会影响苗木的生长发育和花芽形成。秋后定植直接扣棚生产的应注意精细定植,少伤根系,定植后覆地膜提高地温,并及早扣棚保湿,创造好的环境条件,以缩短缓苗期。

定植当年促长促花技术

1. 促长措施

● 加强肥水管理　新梢长至15～20 cm后,开始追施速效肥料,通常每株施40～50 g尿素,15～20天一次,连续2～3次,追肥时结合浇水。结合多次叶面喷肥,一般喷施0.3%尿素和0.3%磷酸二氢钾。

● 加强夏剪　新梢长到30 cm左右时摘心或剪梢,剪除顶端

5～10 cm，并摘除上部 2～3 片叶，促发二次枝，增加枝量，扩大树冠。一般连续摘心 2～3 次。

2. 促花措施

● **肥水管理** 7 月中旬以后停止地下追施氮肥，可施用磷钾肥，并控制灌水。加强叶面喷肥，每 7～10 天喷 1 次 0.5% 磷酸二氢钾或光合微肥，连续喷至落叶。于 9 月下旬至 10 月中旬秋施基肥，促进营养积累，提高花芽质量。每 667 m^2 施用 3～4 m^3 优质腐熟有机肥，三元复合肥 80～100 kg。采用地面撒施后浅翻 5～10 cm，进行翻盖，然后灌水。

● **化学促花** 于 7 月中下旬至 8 月中旬，喷施 15% 多效唑 200～300 倍液，连喷 1～3 次，能有效地抑制新梢旺长，促进花芽分化。

话题 4 设施杏树管理技术

整形修剪与树体控制

1. 整形

杏树设施栽培根据品种特点和设施高度及空间大小，多采用小纺锤形、丛状形，也可采用Y字形和倾斜单干形。

● **小纺锤形** 干高30 cm左右，中干直立，树高1.2～2.5 m，低于棚膜0.5～1.0 m，中心干上着生6～10个小主枝或大枝组，无侧枝，主枝角度开张，一般80～90°。形成上小下大，上稀下密，外稀内密的结构。

● **丛状形** 干高20 cm左右，几乎从近地面处向四周斜向伸展4～5个主枝，主枝上不留侧枝，其上直接着生结果枝组和结果枝。

● 此外，还可采用"Y"字形、倾斜单干形，树体结构特点参考桃树部分。

2. 修剪

● **休眠期修剪** 主要是培养和调整树体结构，以轻剪为主。对生长过高、枝展过长的枝条要进行回缩；疏除病虫枝、密生枝以及无法利用的徒长枝等；缓放中庸发育枝，培养枝组，促进形成结果枝。使各级骨干枝的生长保持平衡，以调整生长和结果的关系。

● **生长期修剪** 生长季要随时注意及时抹芽去萌；长枝摘心或剪梢；清理层间，疏除密枝、旺枝，防止树冠内膛光照条件恶化，影响花芽分化和果实发育。对留用的发育枝，要适时摘心，调整发枝方向；及时缩剪中心领导干、主枝和大型枝组的延长头，控制树高和枝展，防止树体过高和行间交接影响通风透光。生长季修剪量越大对树体营养生长抑制作用越强。

3. 越夏期换枝修剪

● 果实采收后撤膜的同时要及时回缩修剪。回落中央领导干，使树冠的总高度下降50～80 cm；重回缩中庸主枝至距基部1/2或2/3处的分杈部位，缩短枝轴，重新培养、发展成主枝；疏除少部分方位欠佳、过于粗大的主枝或枝组，选新枝重新培养成主枝或枝组；细致修剪主枝与主干上着生的各类枝组，疏除密生枝、直立枝、重叠枝、外围竞争枝，留3～6节重短截中长枝，缓放平斜中庸枝。

● 树体经过重剪后，会激发众多的新枝，对新发枝及时抹芽、除萌、疏枝、拉枝、开张角度、清理层间，培养主枝与结果枝组。

● 更新修剪不要过重，一般留下的叶量不小于修剪前的30%～50%为宜。同时注意结合土壤中耕，改善土壤通透性，适量追施多元复合肥，及时多次根外追肥，可喷布0.3%的尿素＋0.3%磷酸二氢钾，或喷施光合微肥及氨基酸肥等。

 **温湿度管理**

1. 休眠期

● 日光温室促成栽培可在深秋平均气温低于10℃时，开始扣棚反保温。尽量控制设施内温度在0～7℃范围内，以促进提早满足杏树需冷量解除休眠。需冷量满足后即可开始升温。一般华北地区12月下旬～1月中旬可以升温。

- 延迟栽培则主要控制温度在被迫休眠所需温度范围，以延迟萌芽开花时间。同时注意被迫休眠期枝芽不受冻害。
- 此阶段土壤湿度和空气湿度影响不大，保持设施内自然状态即可，不必有意调控。

2. 升温期

- 从开始升温到开花，升温要缓慢平稳。开始升温时，白天开始拉起1/3的草苫，再拉起1/2草苫，直到开花前再全部拉起，同时通过拉起草苫时间控制温度，使设施内气温保持每周上升2～3℃，升温起点温度为7℃左右，至开花期达到18～20℃。
- 升温期设施内气温上升快，地温上升慢。为提高地温，可在地温较高时即进行反保温及地膜覆盖，埋设地热线或酿热物增温，至开花期地温以达到15～20℃为宜。
- 升温期土壤湿度控制在田间最大持水量的60%～80%，空气相对湿度可控制在60%～80%。

3. 花期

- 花期温度白天15～20℃，最高不超过23℃，夜间5～8℃。此期要防止夜间低温冻害发生。
- 花期空气相对湿度超过60%时影响花药散粉和传粉，相对湿度低于30%，柱头容易干燥，也不利于受精。此期白天空气相对湿度以40%～60%为宜。

4. 果实发育期

- 适宜温度为10～32℃，最适气温白天为25～28℃，最高不超过35℃，夜间适宜温度10～20℃；昼夜温差保持在10～15℃为宜。

● 果实发育前期土壤湿度70%～80%，空气相对湿度60%～70%为宜。果实发育后期土壤湿度60%～70%，空气相对湿度50%～60%为宜。

● 此期要防止高温伤害，白天气温不超过35℃，并适当加大昼夜温差，提高果实品质。

土肥水管理

1. 施肥

● 基肥　基肥提倡在秋季新梢停长后至落叶前采用地面撒施然后浅翻的方法施用，施用量为3 000～4 000 kg/667 m²。

小资料

设施栽培尽量减少化肥用量。如果有机肥不足确需施用化肥，可将化肥全年用量的1/2～2/3与有机肥混合后一起作为基肥施用，其余部分进行追肥。

● 追肥　追肥以速效性化肥为主。追肥主要有萌芽前或花前追肥、幼果膨大期追肥和果实采收后越夏期追肥三个时期。

专家提示

　　设施栽培化肥尽量少施或不施,且要减少施肥次数,施用量为全年 $80 \sim 100$ kg/667 m^2。设施杏覆盖期可进行多次叶面喷肥,花后2周叶幕形成后,叶面喷施0.2%尿素+0.2%磷酸二氢钾+0.2%光合微肥,每15天喷施1次,共喷施 $3 \sim 6$ 次。

2. 水分管理

　　一般在覆盖前充分灌水并覆盖地膜保湿,覆盖期不灌大水,如需灌水,最好采用滴灌或行间沟灌,且水量要小。

 专家提示

　　◆ 覆盖后,花期和生理落果前不宜灌大水,以防新梢旺长,造成落花落果。

　　◆ 果实发育后期也应适度控制灌水,以防降低果实品质和裂果。

3. 土壤管理

　　露地生长阶段可结合除草进行 $1 \sim 2$ 次土壤中耕,中耕深度 $5 \sim 10$ cm;覆盖期为了使扣棚后的地温尽快提升、降低设施内空气湿度,保持土壤湿度,要进行土壤地膜全覆盖。地膜覆盖可一直保持到果实采收后再揭膜。

# 花果管理

1. 提高坐果率

● 适期扣棚升温，确保休眠充分解除。

● 加强升温期和花期温度、湿度调控。

● 花期放蜂和人工辅助授粉。

● 幼果期控制新梢旺长，疏花疏果，合理负载，缓解营养竞争等措施均可提高坐果率。

参见设施桃部分。

2. 疏花疏果

● 疏花疏果应及早进行。首先冬剪时，应注意控制花芽数量。

● 花蕾期进行疏花，疏除畸形花、弱花、晚开花、过密花。

● 花后10～15天进行疏果，疏除畸形果、小果、过密果，使果实分布均匀。

● 疏果时可本着壮枝多留，弱枝少留，一般长果枝留3～4个果，中果枝留2～3个果，短果枝和花束状果枝留1～2个果。

3. 果实采收

● 杏果实成熟度可分为可采成熟度、食用成熟度和生理成熟度。可采成熟度采收适合较长时间储运。食用成熟度采收适于就近销售和

鲜食。生理成熟度，果实在生理上已充分成熟，只能供自采自食，不宜上市销售。

● 设施杏最好人工分期采摘。摘下的果实先轻轻放在铺有软体衬垫的篮子或布袋中，装满后再拣入果箱。每箱装填要适量，不可过多、过高以免挤压。采收时要轻摘、轻装、轻卸，防止机械损伤。

● 摘下来的果实要按果实大小、色泽、果形、光洁度等进行分级包装。鲜杏熟后易软，怕挤压，要求包装轻便，容器不宜过大，每件包装2.5～5 kg为宜。

 **病虫害防治**

杏树主要害虫有桃小食心虫、杏仁蜂、杏球坚蚧、桑盾蚧、多毛小蠹、杏星毛虫、天幕毛虫、蚜虫、杏象甲等。杏树常见病害有杏疗病、细菌穿孔病等。有些病虫害和桃、李类相同或类似，可参考桃、李病虫害部分。

1. 主要虫害防治

● 朝鲜球坚蚧　在芽膨大时喷布5波美度石硫合剂或45%晶体石硫合剂300倍液；在若虫泌腊前，枝干上喷布杀虫剂防治；在6月中旬新孵化的若虫爬到叶片上危害时，喷布杀虫剂，可选用2.5%敌杀死、20%速灭杀丁等杀虫剂。

● 杏星毛虫　冬季和早春刮除老树皮消灭越冬幼虫；成虫羽化

期人工捕杀成虫；利用幼虫白天下树的习性，在树干周围堆上圆形沙土，或树干基部捆绑塑料带阻止幼虫上树。

● **杏象甲** 利用其假死特点，在成虫出土期清晨震动树枝干，下边用塑料布接成虫捕杀，每5～7天1次。及时捡拾落果，集中处理消灭其中幼虫。成虫发生期喷施杀虫剂，每隔10～15天1次，连喷2～3次。

● **蚜虫、叶螨** 也是杏树主要虫害，防治方法参见桃树部分。

2. 主要病害防治

● **杏疔病** 病症出现期及时剪除病叶、病梢、病果集中烧掉。在杏芽萌动前结合防治其他病虫害喷5波美度石硫合剂，展叶后喷30%绿得保胶悬剂400～500倍液、14%络氨铜水剂300倍液2～3次。

● **穿孔病** 穿孔病也是杏树主要病害，其发病规律及防治方法与桃树类似，可参考桃病害防治。

第七讲　设施李安全生产技术

我国进行李树设施栽培始于20世纪90年代初期，但发展规模较小，因此发展空间很大。设施李栽培模式主要以极早熟和早熟李的日光温室促成栽培为主。促成栽培果实成熟上市期为4月上旬至5月中下旬，延迟栽培果实成熟上市期为11～12月份。设施李一般可于定植第二年或第三年丰产，年产量1 000～2 000 kg/667 m^2，年产值8 000～30 000元/667 m^2。

目前，我国李树设施生产上的主要问题是栽培模式单一，产品单一，缺乏科学的区划，产品上市集中，设施结构不合理，果品质量亟待提高。

话题 1　设施李树生长发育规律

生长习性

1. 根系

● 李树根系较发达，吸收根多分布于距地表5～40 cm的土层内。

水平根分布的范围则常比树冠直径大1～2倍。

● 土温达到5～7℃时,即可发生新根,15～22℃为根系活跃期,超过22℃根系生长减缓。

2. 芽

● 李树的芽分为花芽和叶芽两种。在当年枝条的下部,多形成单叶芽;而在枝条的中部形成复芽(包括花芽和叶芽);在枝条接近顶端又形成单叶芽。

● 李树容易形成2～3个芽着生在一个节位上的复芽,一般中央芽为叶芽,两边芽为花芽。有两个芽的1个是花芽,另1个是叶芽。花芽是纯腋花芽,肥大而饱满。每个花芽内包含1～4朵花。

3. 枝

枝的类型有以下两种:

(1) 营养枝　只长枝叶不开花结果的枝梢。分为徒长枝、发育枝和叶丛枝3类。

● 徒长枝生长旺,节间长,多发生二次枝,叶芽瘦小。树冠上方,内膛的背上极性位置容易萌发此类枝条。可通过早期抹芽、摘心、扭梢等控制培养成结果枝。

● 发育枝生长健壮,组织充实,枝上着生叶芽,叶芽抽生的新梢可扩大树冠和形成新的枝组。幼树的发育枝经过选择、修剪,可培养成各级骨干枝,是构成良好树冠的基础。

● 叶丛枝多由枝条中下部瘦小叶芽萌发形成,由于营养不良萌发后生长很短时间即停止生长,长度1 cm以下。

(2)**结果枝** 根据结果枝的长短和花芽着生的状况，结果枝分为五种类型（与杏树类似）。

● **徒长性果枝** 长 60 cm 以上，带有少量副梢。生长过旺，花弱果小。

● **长果枝** 枝条长 30～60 cm，枝条发育充实，一般不发生副梢。中部复芽较多，结果能力强，缓放后能形成健壮的花束状果枝。

● **中果枝** 长 15～30 cm，结果后也可抽生花束状果枝。

● **短果枝** 长 5～15 cm，其上多为单花芽，复芽少。2～3年生短果枝结实力高。

● **花束状果枝** 长度在 5 cm 以下，除顶芽为叶芽外，其下为排列密集的花芽。花束状果枝粗壮，花芽发育充实。

 **小资料**

据杨建民研究，大石早生李果实发育过程分为三个时期：

◆ 第一期为幼果膨大期，约为落花后 1 个月，此期果实增长速度较快。

◆ 第二期为果实缓慢生长期（硬核期），此期种胚迅速生长，果实增长缓慢，内果皮从先端开始逐渐木质化。

◆ 第三期从硬核期结束至果实成熟，为果实的第二次速长期，此期果实干重增长最快，是果肉增重的最高峰。

 **开花结果习性**

1. 开花

● 李树大多数品种为完全花,即一朵花中有发育健全的雄蕊和雌蕊。也存在不完全花。营养不良、花期受冻和遗传等因素是产生不完全花的主要原因。不完全花有的表现为雌蕊瘦弱、短小或畸形,有的花粉败育。

● 中国李开花较早,欧洲李开花较晚,一般比中国李开花晚7~10天。

● 李树开花期平均气温9~13℃,花期7~15天,单花的寿命5天左右。

● 中国李和美洲李大多数品种自花不实,需要异花授粉。

2. 结果习性

● 中国李以短果枝和花束状果枝结果为主,而欧洲李和美洲李主要以中果枝和短果枝结果为主。幼树抽生长果枝多,至初果期则形成较多的短果枝和少量的中、长果枝。随着树龄的增长,长、中果枝逐渐减少,短果枝和花束状果枝数量逐渐增多。花束状果枝为盛果期树的重要结果部位,担负90%以上的产量。

● 李果实的发育过程和桃、杏等核果类基本相同,果实生长呈双 S 曲线。

● 李树落花落果现象较严重。生理落果通常有三个高峰。第一次为落花，即花后带花柄脱落，原因是花器发育不完全和没有授粉受精。第二次落果发生在第一次落果之后 2 周左右，果似绿豆粒大小时开始脱落，直至核开始硬化前为止。主要是受精不良或胚乳中途败育等影响营养竞争能力而引起。第三次落果发生在第二次落果后 2 周左右。脱落的是已经充分膨大的果实。主要是由于果实发育中营养不足，种胚发育不良或停止等引起。

专家提示

结果过多，新梢生长过旺，氮肥及灌水过多，光照不良等会加重落果。要加强综合管理予以控制。

李树对环境条件的要求

1. 温度

● 中国李、欧洲李喜温暖湿润的环境，而美洲李比较耐寒。

● 李树开花期最适宜的温度是 12～18℃。不同发育期的有害低温也不同，花蕾期 -5.5～1.1℃，开花期 -2.7～0.6℃，幼果期 -1.1～0.6℃。

● 土壤温度5～7℃时，李树开始发生新根，15～22℃为根系旺盛生长期，超过22℃根系生长减缓。

> **专家提示**
>
> 设施栽培时花前提高地温，可促进坐果。要注意升温期地温管理。

2. 湿度

● 欧洲李喜湿润环境，中国李则适应性较强。

● 毛桃砧一般抗旱性差，耐涝性较强，山桃砧耐涝性差抗旱性强，毛樱桃砧根系浅，不太抗旱。

● 土壤保持田间最大持水量的60%～80%，最适宜根系生长。

3. 光照

李树较为喜光。光照充足，树势强健，枝繁叶茂，花芽分化好，产量增加，果实着色好，含糖量增加，果实品质好。

4. 土壤

● 李树对土壤要求不严格。中国李对土壤的适应性强于欧洲李和美国李。

● 北方的钙土、南方的红壤、西北的黄土，均适宜李树生长。以土层深厚、肥沃的沙壤、中壤土栽培表现好。黏性土壤和沙性过强的土壤应加以改良。

● 李树对土壤酸碱度的适应能力也较强，以pH值6.0～7.5为宜。

话题 2　适宜设施栽培的优良品种

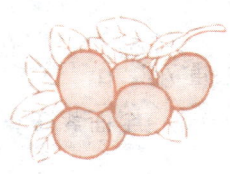

大石早生

- 日本品种。果实卵圆形，平均单果重 49.5 g，最大单果重 106 g，果顶尖；着鲜红色；果皮易剥离。
- 果肉黄绿色，肉质细，果汁多，味酸甜、微香。可溶性固形物含量 15%。黏核，核较小。可食率 98% 以上。鲜食品质上乘。果实常温下可储藏 7 天左右。
- 树势强。以短果枝和花束状果枝结果为主。3 年生开始结果。自花不结实，需配置授粉树，授粉树可选择美丽李、香蕉李、小核李、莫尔特尼、蜜思李等。

专家提示

◆ 大石早生李自花不结实，需配置授粉树，授粉树可选择美丽李、香蕉李、小核李、莫尔特尼、蜜思李等。

◆ 幼树生长旺盛，初果期坐果率较低，生产上应注意采用化学控制措施，促进树体枝类的转化。

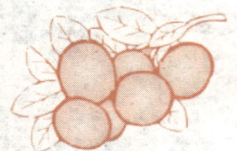

莫尔特尼

● 美洲李品种。果实中大,近圆形;平均单果重 74.2 g,最大单果重 123 g;果面光滑,果点小而密;底色为黄色,着色全面紫红;果皮中厚,离皮。

● 果肉淡黄色,近果皮上有红色素,不溶质,肉质细软,果汁中少,风味酸甜,品质中上;可溶性固形物 13.3%,可滴定酸 1.2%,糖酸比为 9.5∶1。果核中大,黏核。

● 该品种树势中庸,分枝较多。幼树生长稍旺,枝条直立,结果枝分枝角度大。以短果枝结果为主,中、长果枝坐果很少。在自然授粉条件下,坐果率较高,需进行疏花疏果。幼树结果较早,丰产,在正常管理条件下 3 年结果,4 年丰产。露地栽培果实发育期 70～75 天。

● 该品种坐果率较高,生产中必须进行疏花疏果,一般每隔 10 cm 左右保留 1 个果,以便控制负载量,保证果大质优。

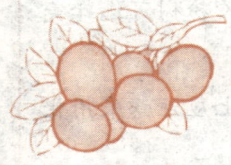

早美丽

● 美国品种。果实心脏形,单果平均重 40～60 g,果顶微尖,果面红色，光滑有光泽。

● 果肉细嫩，汁液丰富，味甜爽口，可溶性固形物含量为13%～17%，品质上等；果核小，黏核，可食率97%以上。

● 该品种树势中等，抗病虫害能力强。其长、中、短果枝和花束状短果枝都能结果，丰产。适宜授粉品种有莫尔特尼、黑宝石、蜜思李等。早美丽成熟期不一致，宜分期分批采收。

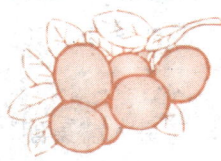

蜜思李

● 果实圆形，平均单果重50.7 g，最大单果重74 g，果面光滑，紫红色。

● 果肉鲜红，肉质细嫩，汁液多，风味甜酸适口，香气较浓，品质上等，可溶性固形物13.0%，总酸0.8%；核小，可食率98.4%，黏核。

● 适宜的授粉品种有早美丽、大石早生、莫尔特尼、红心、圣玫瑰、黑宝石等。

● 蜜思李植株生长中庸，树姿开张，分枝角度大。成枝力强，以长果枝结果为主，丰产性好。该品种适应性较强，抗寒、耐旱力强，抗细菌性穿孔病和早期落叶病。

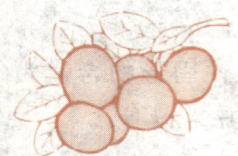

美丽李

● 原产美国。果实近圆形或心形,平均单果重87.5 g,最大单果重156 g;果皮着鲜红或紫红色,皮薄。

● 果肉黄色,质硬脆,充分成熟时变软,汁多,味酸甜,具浓香;可溶性固形物含量12.5%。黏核或半离核,核小,可食率98.7%。鲜食品质上乘。在常温下果实可储放5天左右。

● 树势中庸,栽后2～3年开始结果,4～5年可进入盛果期,自花不结实,需配置授粉树。

● 适宜的授粉品种有大石早生、跃进李、绥李3号等。果实发育期85天左右。

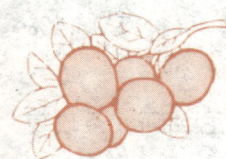

红良锦

● 日本李品种。果实大,平均单果重100～150 g,果实圆形,果皮鲜红色,外观美观。

● 果肉淡黄色,致密多汁,甜酸适口,耐储性好。

● 保护地促成栽培4月下旬成熟。花粉少,自花结实差,需配置授粉树。

● 红良锦生长势强，萌芽力强，成枝力中等；幼树以长果枝结果为主，随树势缓和，短果枝和花束状果枝增加。早实丰产性强，但树体抗病性较差。

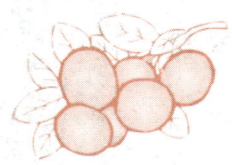
五月鲜

● 主要产于河南省新乡、洛阳等地。果实近扁圆形，缝合线不明显。平均单果重 50 g 以上，果梗极短，果皮黄色，果粉少。

● 果肉黄色，柔软多汁，味甜，香味浓郁，最宜鲜食，品质上等，离核。

● 果实发育期 70 天左右，露地栽培 6 月中旬果实成熟，保护地栽培 4 月中旬成熟。

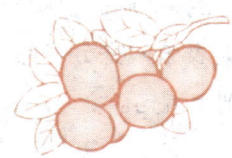
红美丽

● 果实圆形，平均单果重 56.9 g，最大单果重 72 g。果面光滑，鲜红色，艳美亮丽。

● 果肉淡黄色，肉质细嫩，硬溶质，汁液丰富，风味酸甜适中，香味较浓，品质上等。可溶性固形物含量 12%，可滴定酸 1.26%。

温室大棚果树安全种植技术

- 红美丽李成花容易,花量大,坐果率高,丰产性好。
- 树势中庸,树冠紧凑,适于密植栽培。

话题 3 设施李园的规划与建设

园地选择与土壤改良

- **园地选择** 选择不易积水,土质疏松,排水通畅的沙质壤土上建园。同时建园地还要求背风向阳,周围没有高大遮阴物,交通方便,最好靠近城市近郊。

- **土壤改良** 各类土壤改良均应以秸秆粉碎还田,增施有机肥,提高有机质含量为重点。一般定植前,每 667 m^2 地表撒入充分腐熟的有机肥 4～6 m^3,全园深耕 30～40 cm,并使肥土混匀。

栽植前准备

1. 苗木准备
- 选择优良品种,优质苗木建园。

● 在定植前将根系浸水 12～24 小时，然后用 0.3% 的硫酸铜浸根 1 小时；或用 3 波美度石硫合剂喷布全株进行消毒，消毒后待栽。

>
>
> ### 优质苗的要求
>
> ◆ 速生苗和成苗的高度要 90 cm 以上，粗 0.7 cm 以上，接口以上 40～80 cm 有饱满而健壮的芽。侧根发达，长度 15 cm 以上根系大于 4 条。
>
> ◆ 半成苗接口愈合良好，芽体饱满，根系完整，侧根发达。

2. 整地、施肥

● **整地** 苗木定植前，在设施内或准备建设施的园址进行深翻整地，然后按株行距，定点挖穴。地面平栽也可直接按行距挖定植沟，沟宽 60～80 cm，深 30～50 cm，沟内施腐熟优质有机肥，与土混匀回填，灌大水沉实。

● **施肥** 有机肥应选择充分腐熟的优质圈肥、堆肥、厩肥、动物粪便等，施用量一般为每 667 m² 施用 4～6 m³。挖定植沟栽植或起垄栽植，施肥较集中，要适当减少用量；全园深翻整地，可加大施肥量。

温室大棚果树安全种植技术

定植技术

1. 定植密度和方式

● 栽植密度一般为（1~1.5）m×（2~3）m。如管理控制到位，4~5年内不需间伐。也可采用计划密植，定植时加大密度，如采用1m×（1~1.5）m，2~3年后隔株去株，隔行去行。

● 设施李树栽培一般采用南北行向，行距大于株距的长方形栽培方式。

2. 授粉树的配置

● 一般授粉树要占30%左右，才能满足授粉的需要。

● 授粉树的配置方式一般是授粉树和主栽品种均匀分布以利于蜜蜂授粉。授粉树按1~3:3的比例配置。在一栋设施内，最好栽植2~3个品种，以相互授粉。

3. 定植

● 普通苗木应在春季土壤解冻后至苗木萌芽期定植。如果直接在设施内定植，可比露地提早1个月左右，以延长当年生长时间。

● 预备苗可于初夏或秋季落叶前后直接定植于设施内，当年冬季即可扣棚覆盖。初夏移栽的时间一般不迟于6月中旬。秋季定植直接扣棚生产的应注意精细定植，少伤根系，定植后覆地膜提高地温，在定植前将根系浸水12~24小时,然后用0.3%的硫酸铜浸根1小时。

并及早扣棚保湿。

● 起垄栽培的垄向与行向一致。栽植时按株行距定点，将苗木直接立放于定植点的地表上，用表层土与腐熟有机肥混匀后填埋根系起垄踏实，垄高30～40 cm，垄宽50～80 cm。

定植后当年管理

● **定干、套袋、覆地膜，提高苗木成活率**　半成品苗栽植后及时在接口上1 cm左右剪砧；成品苗在20～50 cm高度定干。剪砧、定干后应进行苗干套塑膜袋，并尽快覆地膜。

● **加强肥水管理，促进营养生长**　缓苗后依据土壤墒情进行灌水，及时中耕除草和病虫害防治。当新梢长到15～20 cm以上时，开始追肥。第一次追肥量要小，避免伤根，一般每亩撒施10 kg尿素，以后逐次加大用量，一般至7月上旬前追2～3次肥，以氮肥为主。可多次叶面喷肥。

● **加强夏剪，增加枝量，调控树体结构，均衡长势**　前期（7月底前）应促其旺长，利用摘心促生二次枝、三次枝；利用拉枝加大枝条角度（70°～90°），均衡和缓和生长势，促生短枝，为花芽形成奠定基础。

● **缓和生长势，促进花芽分化**　7月中、下旬是促进李树花芽分化的关键时期，此期应控制灌水，停止地下追施氮肥。7月中旬至

8月下旬，叶面喷施15%的多效唑150～300倍液（1～3次），间隔期15～20天，控制新梢旺长，促进花芽分化。

● **秋施基肥，提高储藏营养**　9月下旬至10月中旬进行秋施基肥。施肥量为每667 m² 施用3～4 m³ 优质腐熟有机肥，三元复合肥80～100 kg。

● **定植当年冬剪**　如果定植当年形成足够花芽，可以进行覆盖生产，则修剪时可以轻剪，多留花芽。不强求树形，结果后再清理整形。如果形成花芽不能满足产量要求，不进行覆盖生产，则按整形要求调整树体结构，培养树体骨架。

话题 4　设施李树管理技术

土肥水管理

1. 施肥

● 基肥施用提倡秋季新梢停长后及早施用，施用量为3 000～4 000 kg/667 m²。

● 追肥以速效性化肥为主。常用化肥有尿素、硫酸钾、磷酸二铵及多元复合肥等。

- 追肥主要有萌芽前追肥、幼果膨大期追肥和果实采收追肥3个时期。

 专家提示

◆ 设施栽培尽量减少化肥用量。如果有机肥不足确需施用化肥，可将化肥全年用量的 1/2～2/3 与有机肥混合后一起作为基肥施用。其余部分进行追肥。

◆ 设施李覆盖期一般不进行土壤追肥，可进行多次叶面喷肥，每 15 天喷施 1 次，共喷施 3～6 次。

2. 水分管理

- 露地生长期可根据不同物候期的需水特点，适当灌水。花芽分化开始前为控制营养生长适度控制灌水，保持田间最大持水量的 60% 左右。

- 一般在覆盖前充分灌水并覆盖地膜保湿，覆盖期不灌大水，如需灌水，最好采用滴灌或行间沟灌，且水量要小。

3. 土壤管理

- 露地生长阶段可结合除草进行 1～2 次土壤中耕，中耕深度 5～10 cm。

- 覆盖期为了使扣棚后的地温尽快提升，降低设施内空气湿度，保持土壤湿度，要进行土壤地膜全覆盖。地膜覆盖可一直保持到果实采收后再揭膜。

整形修剪与树体控制

1. 整形

李树设施栽培根据品种特点和设施的空间及高度，一般采用小纺锤形、"Y"字形和倾斜单干形。

● **小纺锤形** 树高1.2～2.5 m，树高低于棚膜0.5～1.0 m，主干高度30～50 cm，中心干着生6～12个小主枝，均匀分布。形成上小下大，上稀下密，外稀内密的结构。

● **"Y"字形** 树高0.8～2.0 m，主干高度20～40 cm，无中心干，树高低于棚膜0.5～1.0 m，两个主枝夹角50°～60°，伸向行间，主枝长60～150 cm。每个主枝上着生2～8个大结果枝组。

● **倾斜单干形** 由小纺锤形和"Y"字形演变而来，树高0.8～2.0 m，树高低于棚膜0.5～1.0 m，主干高度2～40 cm，按小纺锤形培养，定植当年秋季将主干拉向一侧行间，与地面夹角60°～70°，倾斜主干上着生2～8个大结果枝组。

2. 修剪

● 在设施栽培中冬剪修剪量远小于露地，休眠期修剪主要是培养和调整树体结构，以轻剪为主。对生长过高、枝展过长的枝条要进行回缩；对枝量过大、枝条过于密集的，要进行疏枝，疏除病虫枝、密生枝以及无法利用的徒长枝等；对发育中庸的发育枝和结果枝进行缓放，培养枝组，促进形成结果枝。使各级骨干枝的生长保持平衡，以调整生长和结果的关系。

● 加强生长季修剪，增加修剪次数。生长季采用拉枝、扭枝、摘心、疏剪、回缩及应用生长延缓剂等方法控制枝梢生长量和延伸长度，以利通风透光和花芽形成，提高果实品质和产量。生长季修剪量越大对树体营养生长抑制作用越强。

3. 树体控制

● 李树的树冠控制除采用限根栽培、根系修剪、化学控制等措施外，于果实采收后进行选择性回缩更新也是重要途径。

● 选择性回缩更新要在撤除覆盖物后及时进行。疏除所有辅养枝；主枝和大枝组缩剪至距基部1/2～1/3处方位适当分枝上；小枝组缩剪至基部分枝处，留1～2个分枝；对所留枝梢疏除过密、背上无空间梢及背下梢，保留平斜中庸的中、短枝不截，其余新梢留3～6个芽短截。

● 更新修剪不要过重，一般留下的叶量不小于修剪前的30%～50%为宜。同时结合土壤中耕，改善土壤通透性，适量追施多元复合肥，及时多次根外追肥，可喷布0.3%的尿素＋0.3%磷酸二氢钾，或喷施光合微肥及氨基酸肥等。

反保温、升温及覆盖物撤除时期

● 日光温室促成栽培可在深秋平均气温低于 10℃时，开始扣棚反保温。控制设施内温度在 0～7℃范围内。在自然休眠解除后即可开始升温。为确保满足需冷量应注意实际需冷量要在理论需冷量上加 20% 左右的安全系数。覆盖物的撤除应在果实成熟采收后进行。

● 塑料大棚促成栽培一般在春季日平均温度稳定在 0℃以上后开始扣棚升温，果实成熟采收后撤除塑料薄膜。

● 延迟栽培的反保温是在早春被迫休眠解除前进行，通过反保温降低温度，延长被迫休眠期。有条件的在反保温期可在设施内配置降温设施或进行盆栽冷库集中冷藏。

温湿度调控

● **休眠期** 日光温室促成栽培要求尽快解除自然休眠，因此应尽量将设施内的温度调整至有利于解除自然休眠的最适温度范围（0～7℃）之内。延迟栽培则主要控制在被迫休眠所需温度范围，并保证枝芽不受冻害。此阶段土壤湿度和空气湿度影响不大，不必有意调控。

● **升温期** 从开始升温到开花，升温要缓慢平稳。经过 4～5 周达到白天 18～20℃，夜间 5～10℃。地温影响最大的时期是促成栽培中的升温期，可在地温较高时即进行反保温及地膜覆盖，埋设地热线或酿热物增温，至开花期地温以达到 15～20℃为宜。此期土壤湿度以控制在田间最大持水量的 60%～80%，空气相对湿度控制在 60%～90% 为宜。

● **花期** 花期白天气温最适 18～22℃，最高 25℃，夜间最适 6～12℃，最低 4～5℃，此期要防止夜间低温冻害发生。花期白天空气相对湿度以 40%～50% 为宜。

● **果实发育期** 适宜温度为 10～35℃，最适气温白天为 25～30℃，最高不超过 35℃，适宜夜间温度 10～20℃；昼夜温差保持在 10～15℃为宜。空气相对湿度以 60%～70% 为宜。土壤湿度在果实发育前期以 70%～80% 为宜，果实发育后期以 60%～70% 为宜。

花果管理

1. 提高坐果率

● **适期扣棚升温，加强开始升温期的温度调控** 过早扣棚加温和升温过快、温度过高，会引起性器官畸形或败育，影响坐果。

● **加强花期管理，创造授粉受精条件** 为促进花药散粉和传粉昆虫的活动，花期应注意温度、湿度的调控并适度通风。气温白天控制在 16～25℃，夜间控制在 4～12℃。空气相对湿度控制在 40%～50%。

● **花期放蜂和人工辅助授粉** 应在李树花开放前 2～3 天放入蜂箱，以便蜜蜂适应设施内环境条件，一般 667 m^2 棚室放入 1～2 箱。

● **控制新梢旺长，合理负载，缓解营养竞争** 花后新梢长至 15～20 cm 时，进行摘心、剪梢，谢花后 10～15 天喷施 15% 多效唑 300 倍液，控制新梢旺长。疏花疏果，合理负载，可以集中营养，促进留下果发育。

● **叶面喷肥** 花期喷施 0.1% 的硼砂；花前及花期喷施总浓度不超过 0.4% 的尿素、磷酸二氢钾或氨基酸肥，均具有促进坐果作用。

2. 疏花疏果

● 设施李坐果率低，一般不疏花只疏果。

● 疏果应在能够判断坐果稳定的状况下尽早进行。对于果实较小、成熟期早、生理落果轻的品种，可在花后 20 天后进行。生理落果严重的品种，如大石早生、美丽李、大石中生等品种，应该在确认已经坐住果以后再行疏果。

● 疏果时一般以每 14～20 片叶子留一个果，果实间隔距离在 6～8 cm。疏果时应保留发育良好的果实。疏除虫果、伤果、畸形果和小果，多保留侧生和向下着生的果实。

温室大棚果树安全种植技术

幼果期果实套袋，成熟前10天除袋。

3. 提高品质

● 加强设施光环境调控，增加光照时间，增大进光量，利用反射光，减少遮光等，促进光合作用，提高含糖量。

● 加强综合管理，提高树体营养水平和花芽质量。加强夏剪，控制新梢旺长。适度增大昼夜温差，有利于光合产物积累。果实发育后期，适度控水和控施氮肥，适量施用磷钾肥，以及叶面喷施磷钾肥、光合微肥，有利于提高含糖量，促进着色。

● 幼果期果实套袋，成熟前 10 天除袋，并摘除果实周边遮光叶片，转果改变果实阴阳面，促进形成果实全面着色。

● 采收必须适时，采收过早风味不佳；采收过迟，风味减退，更不利于储运。设施李果实成熟期不一致，采收期延长，要分期采收。

 **病虫害防治**

李树的主要病害有褐腐病、穿孔病、红点病、流胶病等；主要害虫有蚜虫、红颈天牛、螨类、李实蜂、食心虫类等。有些病虫害与桃树病虫害相同或类似，可参考桃树设施栽培部分。

1. 主要病害的防治

● 红点病　彻底清扫落叶和落果，并深埋或烧毁，消灭越冬菌源；在叶芽萌芽期或李子开花末期，喷布大生 M-45，进行保护预防；注意降低棚室湿度，使棚室内空气湿度低于 80%；发生期喷施多霉清或世高、杜邦克露等杀菌剂进行防治。

● 李褐斑穿孔病 结合修剪，清除病枝、病叶、病果集中烧毁，清除越冬病源；发芽前喷5波美度石硫合剂；展叶后至发病前喷250倍石灰倍量式锌灰液或大生M-45；发病后喷内吸性的多霉清或世高、杜邦克露等杀菌剂进行防治。

● 李褐腐病 及时清除园内病残体，减少病源；通风透光，降低棚室湿度；在李子开花70%左右及果实近成熟时喷大生M-45或世高、甲基托布津等杀菌剂防治。

2. 主要虫害的防治

● 李小食心虫 树干培土，在越冬代成虫羽化出土前，即花后20天左右进行培土，在树干周围45～60 cm的地面培10 cm厚的土，踩紧踏实，阻止羽化的成虫出土，成虫羽化后及时撤土；利用李小食心虫成虫的趋光性和趋化性，进行灯光或糖醋液诱杀；在发生期喷灭幼脲三号进行防治。

● 李实蜂 棚室园地全面覆膜，阻止老熟幼虫进入土中结茧，深翻树盘下的土壤，把休眠幼虫深埋，使羽化成虫不能外出；发生期喷菊酯类或毒死蜱进行防治。

第八讲 设施樱桃安全生产技术

樱桃有"春果第一枝"的美称，对调节水果市场淡季的供应起着一定作用。我国樱桃设施栽培始于20世纪90年代，最早是山东省烟台市的福山、芝罘两区的大棚栽培，1994年日光温室甜樱桃栽培在辽宁大连获得成功。随后发展迅猛，往北已扩展到黑龙江、吉林等高寒地区。

设施栽培的樱桃有中国樱桃和甜樱桃两种。中国樱桃树体矮小，结果早，自花结实率高，管理容易，设施栽培容易成功。但中国樱桃果个小、果皮薄、果肉软、耐储运性差，效益不高，不宜过多发展。甜樱桃又称西洋樱桃、大樱桃。树高大，树势强健。果个大、耐储运，市场效益好。因此，樱桃设施栽培应以甜樱桃为主。

设施樱桃是设施果树中市场潜力较大、经济效益较高的树种。大棚条件下，667 m^2 收入可高达5万～10万元，日光温室条件下出现过667 m^2 产值20余万元的典型。但是，与其他果树相比，甜樱桃设施生产技术性强，技术体系还不完善，生产有一定的风险性。

话题 1 设施樱桃生长发育规律

甜樱桃属于乔木，树体高大，自然生长时，一般高达5～8 m。

在管理良好的情况下，3～4年结果，7～8年进入盛果期，经济结果年限15～20年，设施栽培下其经济结果年限大大缩短。

生长特性

1. 根系
● 樱桃根系分布较浅。
● 土壤沙质，透气性好，土层深厚，管理水平高时，樱桃根量大，分布广；土壤黏重，透气性差，土壤瘠薄，管理水平差，根系则不发达，易感根癌病。
● 土施多效唑对樱桃根系的生长有抑制作用。
● 嫁接的樱桃树根系易发生根蘖苗。

2. 芽
● 樱桃的芽分叶芽和花芽。枝条的顶芽均为叶芽，侧芽为花芽或叶芽。一般幼树或成龄树旺枝上的侧芽多为叶芽，成龄树上生长势中庸或弱枝上的侧芽多数为花芽。
● 花芽通常在结果枝的中下部，花束状结果枝除中央是叶芽外，四周都是花芽。甜樱桃叶芽大，先端外翘。花芽为纯花芽，每一花芽内具有2～5朵花。
● 樱桃幼旺树芽具有早熟性，当年可萌发形成副梢，利用这一特性对苗木或幼树旺枝进行连续摘心，促发分枝，扩大树冠，可加速成形，提早结果。

3. 枝条

樱桃的枝条分为发育枝和结果枝。

● 发育枝的顶芽和侧芽都是叶芽。幼龄树和生长旺盛的树一般都形成发育枝以扩大树冠。进入盛果期和树势较弱的树，抽生发育枝的能力减弱，枝条基部一部分侧芽形成花芽，成为既是发育枝，又是结果枝的混合枝。

● 结果枝的枝条上腋芽分化为花芽，能开花结果。按其长短和特性可分为混合枝、长果枝、中果枝、短果枝、花束状果枝（见图8—1）。结果枝类型因树种、品种、树龄和树势的不同而有所变化。

● 中国樱桃在初果期以长果枝结果为主，进入盛果期以后则变为以中、短果枝结果为主。

● 甜樱桃初果期树和壮旺树的中、长果枝占的比例较大，进入盛果期后的树或树势偏弱的树则短果枝和花束状果枝所占比例较大。甜樱桃中的那翁、滨库、雷尼以花束状果枝和短果枝结果为主；而大紫、小紫、养老和红蜜等品种以中短果枝结果为主。

图8—1 樱桃结果枝类型
1. 混合枝 2. 长果枝 3. 中果枝
4. 短果枝 5. 花束状果枝

 ## 结果习性

1. 开花坐果

● 樱桃萌芽、开花期较早。甜樱桃当日平均气温达10℃左右时,花芽开始萌动;日平均温度达到15℃左右时开始开花。设施条件下,整个花期7～14天,长时可达20天。

● 中国樱桃当日平均气温达7～8℃时,花芽开始萌发,日平均温度为8～13℃时开花。花期持续10～15天。

● 樱桃为总状花序,有花2～5朵。中国樱桃花粉多,自花结实能力强。甜樱桃除拉宾斯、斯坦勒、艳红等少数品种有较高的自花结实率外,大部分品种自花不实。

> **专家提示**
>
> 甜樱桃多数品种自花不结实,有些品种间授粉亲和力也很差。因此,必须注意筛选授粉品种组合,并进行放蜂和人工授粉。

2. 果实发育

● 樱桃的果实发育期很短。甜樱桃和中国樱桃从谢花至果实成熟,早熟品种只有27～40天,中熟品种40～50天,晚熟品种50

天以上。

● 樱桃的落花落果有4次。第一次在花后2～3天，脱落与树体营养水平密切相关，栽培管理水平高，储藏营养充足落花轻。第二次在花后1周左右，花期环境条件恶劣，如低温、湿度过大或没有授粉树等，落果较重。第三次在花后2周左右，此次脱落的主要是受精不良的幼果。第四次在硬核前后，主要是营养竞争引起。

 **专家提示**

生产中设施樱桃花期延长，长时可达20天，而樱桃果实发育期短，其中早熟品种只有27～40天，因此，管理不当的设施樱桃极易出现"花果同生"现象，即一个设施内有接近成熟的果实，也有正在开放的花朵，严重影响产量和品质。生产中要确保休眠解除充分后扣棚升温，且要加强环境调控。

3. 花芽分化

● 樱桃花芽分化时间较早，分化时期集中，分化过程迅速。从春梢停止生长、果实采收后10天左右开始生理分化。

● 此后转入形态分化，历时1～2个月。短果枝和花束状果枝比长果枝和混合果枝分化早；成龄树比幼旺树早；早熟品种比晚熟品种早。

温室大棚果树安全种植技术

> **专家提示**
>
> 露地条件下甜樱桃叶芽萌动后,长成具有6～7片叶簇的新梢的基部各节,其腋芽多能分化为花芽,第二年结果;而开花后长出的新梢上部各节,多不能分化为花芽。设施促成栽培不利于早期新梢基部节位分化花芽,这是设施甜樱桃产生大小年和隔年结果的重要因素。要改善设施内环境条件,加强综合管理,为花芽分化提供物质保证。

樱桃对环境条件的要求

1. 温度

● 甜樱桃原产于亚洲西部和欧洲等地,适应凉爽干燥气候。中国樱桃原产于我国长江流域,适应温暖、潮湿气候,耐寒力较弱。露地栽培适于在年平均气温10～12℃以上的地区栽培。冬季发生冻害的临界温度为-20℃左右,有时在-18℃就会使甜樱桃的大枝发生严重冻害。

● 樱桃早春开花期早。樱桃由萌芽、开花到幼果生长的不同时期对低温的耐力不同,其致害的温度在花蕾期为-5.5～-1.7℃;开花期和幼果期为-2.8～-1.1℃。生长季的高温也不利于樱桃的生长。

在高温高湿的情况下，樱桃易徒长，造成树冠郁闭，影响花芽分化，结果不良，病虫害加剧。

● 在年周期发育过程中，甜樱桃萌芽期的适宜温度在 10℃左右，开花期 15～25℃，果实成熟期 20～27℃。中国樱桃萌芽的适宜温度为 7～8℃，开花期的适宜温度为 10～20℃，果实成熟期温度为 25℃左右。

2. 光照

● 樱桃是喜光果树。光照条件差，树冠外围新梢徒长，冠内枝条衰弱，果枝寿命短，结果部位外移，花芽发育不良，花粉发芽率低，坐果少，果实成熟晚，产量低，品质差。

● 设施条件下，要选择适宜的设施结构，采用适宜的树形，培养良好的树体结构，并配合一定的增光、补光措施改善设施内的光照环境。

3. 水分

甜樱桃对水分状况敏感，既不抗旱，也不耐涝；中国樱桃具有一定的抗旱性。樱桃根系需氧量很高，土壤水分过多发生缺氧，易引起烂根、流胶，甚至整株死亡。因此，在土壤管理和水分管理上，要注意保持土壤疏松通透。

4. 土壤

● 中国樱桃比较耐干旱、贫瘠。

● 甜樱桃适宜土层深厚、土质疏松透气性好、保水力较强的沙壤土或砾质壤土。

● 甜樱桃和中国樱桃的耐盐碱力差，适宜土壤酸碱度 pH 值为

5.6～7.5，即微酸性和中性土壤。

>  **专家提示**
>
> 　　樱桃易患根癌病，土壤中有根癌病菌及线虫则容易传染根癌病。种植樱桃及桃、李、杏的老果园，土壤中根癌病菌多，不宜栽植樱桃树。

话题 2　适宜设施栽培的优良品种

早红宝石

● 原产乌克兰。果实阔心脏形，中等大，单果重5～6 g；果柄长4～5 cm，较粗，易与果枝分离。

● 果皮紫红色，有玫瑰红色果点，果肉紫红色，肉质细嫩多汁，果汁红色，酸甜适口；果核小，离核。

● 果实发育期为30天左右，保护地栽培成熟期为花后28～30天。

● 植株生长强健，生长较快，树冠圆形，紧凑中等。以花束状结果枝和1年生枝结果，1年生苗栽后3年开始结果。

● 该品种果个虽小，但易成花，丰产性好，极早熟，为保护地促早栽培的主要品种之一。

乌梅极早

● 乌克兰品种。果实中大，单果重 8～9 g；果实心脏形，果皮红色，易剥离。

● 果肉鲜红色、质细、多汁，味甜爽口，具葡萄香味，品质优良；果柄较长，易于采收。

● 果实发育期 28～30 天，以花束状果枝结果为主，丰产，盛果期每 667 m² 产量 1 200～1 400 kg。

抉择

● 乌克兰品种，又名吉列玛，果实大型，单果重 11～13 g。

● 果实圆形至心脏形，果顶浑圆，果梗粗，较短。果皮紫红至暗红色，皮薄，韧性强，易剥离，裂果轻。果肉紫红色至暗红色，较硬，肉质细腻多汁，酸甜可口，果皮无涩味。半黏核至离核，鲜食品质极佳。

● 果实发育期 35～40 天，果实成熟期早于红灯 7 天左右，果实成熟后可挂树长达 2 周，而不软烂和落果。

吉列玛,果实大型,单果重11~13g。

● 树势强健,树体高大,分枝多,枝条稍披散俯垂。嫁接树第三年普遍开花结果,各类果枝均可结果,早果丰产性好。

大紫

● 果实阔心脏形至阔卵形,平均单果重 7 g 左右。

● 果皮紫红色、较薄,果肉浅红至红色,软而多汁,味甜,品质中上。核大,离核。

● 果实发育期 40 天左右。成熟期不太一致,要分期采摘。果柄易与果实脱离,成熟时易落果。

● 大紫生长强健,树冠大,幼树枝条直立,盛果期树冠逐渐开张。枝条较细,节间长,树体披散不紧凑,树冠内部易光秃。叶卵圆或椭圆形,有皱纹,叶片大,有"大叶子"之称。花期晚,适于作那翁、滨库等品种授粉树,丰产性一般。

佐藤锦

● 原产于日本。亲本为黄玉×那翁。平均单果重 6～7 g,最大可达 13 g。

● 果实短心脏形,果皮底色淡黄,阳面着鲜红色,有光泽,极美观。

温室大棚果树安全种植技术
WENSHI DAPENG GUOSHU ANQUAN ZHONGZHI JISHU

果肉白色，略带鲜黄，核小，果肉厚，肉质硬而韧，耐运输，丰产。酸味少，品质优。

● 果实过熟后果色变暗，易出现"乌果"，商品性下降。

● 果实发育期45天左右，成熟期略晚于红灯。另有佐藤锦优系和选拔佐藤锦等变异类型，果实较原品种略有改进，基本性状相同。

● 树势旺盛，生长强健，幼树树姿直立，大量结果后树冠较开张，整形修剪时要重视改善光照条件，以使果实充分着色。

雷尼尔

● 又叫雷尼，美国品种，为美国第二主栽品种，滨库×先锋的后代。

● 果实大型，心脏形，平均单果重8～9g，最大可达12g以上，果实大小整齐。果皮底色黄色，阳面着鲜红色晕，极为艳丽，光照条件好时可达全面红色；树冠内膛不见直射光的果实为浅黄白色，外观及内在品质均差。

● 果肉白色，质地较硬，离核，核小。含可溶性固形物15%左右，鲜食品质极佳。果皮韧性好，裂果轻，较耐储运。

● 树势强健，枝条粗壮，节间较短，叶片大而厚，树冠紧凑，易早结果，抗逆性强，连续结果能力强，丰产稳产。花粉量大，为优良授粉品种。生产中应注意改善光照条件，结合适当晚采，可生产出全红果，提高品质及商品性。果实发育期50天左右。

拉宾斯

- 加拿大品种,亲本为先锋×斯坦勒,自花结实。平均单果重7～8 g。早果性、丰产性突出。
- 果实近圆形或卵圆形,紫红色,有光泽,外观美丽。果皮厚而韧,裂果轻。果肉肥厚,脆而较硬,果汁多,含可溶性固形物16%左右,风味较佳,品质上等。
- 果实发育期60天左右。
- 树势强健,树姿较直立,耐寒。可在充分成熟时采收鲜销。由于自花结实性好,丰产稳产。

先锋

- 加拿大品种。果实大型,平均单果重8 g,最大可达10 g以上。
- 果实肾脏形或球形,果梗短粗,果皮厚,浓红色,很少裂果,艳丽而有光泽,耐储运。果肉玫瑰红色,肉质较硬而脆,肥厚多汁,甜而微酸,口感好,风味佳。
- 成熟期较红灯晚10天左右。
- 树势强健,枝条粗壮,叶片大而厚,深绿色,有光泽。抗逆性强,早果、丰产性好，以花束状果枝和短果枝结果为主，连续结果能力强，花粉量大。自花不实，需配置授粉树。

红灯

● 大连农业科学研究所育成，是我国栽培最多的品种之一，尤以辽南为多。

● 果实肾形，大小整齐，平均单果重9.2 g，最大可达12 g以上。果皮紫红色，色泽鲜艳，有光泽、商品性极佳。果肉肥厚，肉软汁多，风味酸甜，可溶性固形物15%，品质上乘，耐储运。果柄粗短，坐果率高，半离核。

● 树势强健，幼树直立，盛果期逐渐开张，树冠较大，多年生树干皮呈紫红色。萌芽力、成枝力均强，枝条粗壮。进入结果期稍晚。以短果枝和花束状果枝结果为主。果实发育期45天左右。进入结果期后连续丰产能力强，产量高。抗病毒病能力较弱。

芝罘红

● 原产于烟台市芝罘区，又名烟台红樱桃，为大紫的偶然实生株。

● 果实宽心脏形，顶部稍平，缝合线明显。果个大，整齐，平均单果重 6 g 左右，最大可达 9.5 g 以上。果柄粗而长，不易与果实分离，采前落果轻。

● 果皮鲜红色，有光泽。果肉浅粉红色，质地较硬，离核。果汁多，浅红色，酸甜适口，风味佳，品质上乘。

● 果实发育期 45 天左右。

● 树势强健，萌芽力、成枝力高。枝条粗壮，直立。各类果枝均有较强结果能力，幼树以中长果枝结果为主，进入盛果期后以短果枝结果为主，丰产稳产。

意大利早红

● 别名伯莱特、布莱脱、墨丽。原产法国，1989 年中国科学院植物所从意大利引入国内。

● 果实短心脏形，平均单果重 7 g，最大果重 11 g；缝合线凹入，背部稍凸，果顶平，果肩明显；果面底色黄白，全面着紫红色，有光泽；果肉红色，肉质硬韧，汁多，风味酸甜，可溶性固形物含量 12%；半离核；品质上乘。

● 果实发育期 42 天左右，较红灯早 3～5 天。

● 幼树树势旺，萌芽率高，成枝力强，成花稍晚。自花不结实，授粉品种可用红灯、红艳、大紫等。与红灯相比，果个稍小，耐运输性稍差，但果实成熟期稍早是其优点，在保护地生产中有优势。

红丰

● 原产于山东省烟台市,又名状元红。

● 果实心脏形,平均单果重 7～8 g,最大可达 10 g 以上;果面深红色,完熟后呈浅紫红色,有光泽,外形美观;果肉深米黄,果肉肥厚,汁多,硬脆,甜酸适口,可溶性固形物含量为 15%,品质上乘。

● 果实发育期 55 天左右。

● 树势中庸,枝条粗壮、开张、节间短,树冠紧凑,结果部位外移轻。坐果率高。

美早

● 大连市农科所从美国引入。

● 果实宽心脏形,顶部稍平,果个大小整齐,平均单果重 9.4 g,最大 15.4 g,果个普遍比红灯大;果柄短粗,果皮全面紫红色,有光泽,鲜艳;肉质脆,肥厚多汁,风味酸甜可口,可溶性固形物含量为 17.6%,耐储运是其突出特点。

● 果实发育期 55 天左右,成熟期比红灯略晚。

● 树势强，树姿半开张，幼树萌芽力、成枝力均强。以短果枝和花束状果枝结果为主，自花结实率低，需配置授粉树。

香夏锦

● 日本福岛县育成的早熟优良甜樱桃品种。

● 果实中大，短心脏形，果个整齐，平均单果重 7 g 左右；果皮着色美丽，果面底色黄，着橙红色晕，阴面部分不易着色；果肉白色，柔软多汁，甜味浓，酸味较淡。

● 果实发育期 38～42 天，比那翁早 12 天左右。

● 树冠较为开张，枝条常下垂，树冠呈自然开心状。成枝力较强，短果枝多，花芽多，坐果量大，适宜矮化栽培。

话题 3 设施樱桃种植规划与建设

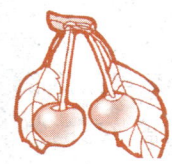

园地选择

● 一般要选择在不易积水、地势平坦、地下水位在 1 m 以下，土质疏松，排水通畅的沙质壤土上建园。

温室大棚果树安全种植技术
WENSHI DAPENG GUOSHU ANQUAN ZHONGZHI JISHU

● 土壤酸碱度要低，pH 值为 6.0～7.5。

● 背风向阳，周围没有高大遮阴物，交通方便，最好靠近城市近郊。山丘地应在背风的阳坡建园。

● 避开在老果园及林果苗圃等忌地上建园。

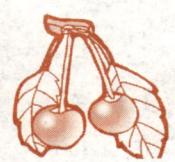

栽培模式选择

一般情况下，中国樱桃定植后 3～4 年开始结果，甜樱桃 4～5 年开始结果。樱桃结果晚，直接在设施内定植苗木，需占用设施 3～5 年后才能进入结果期，大大增加前期成本。目前设施樱桃栽培主要采取以下两种方式。

1. 成龄大树模式

● 向已建成的设施内移植已大量分化花芽的四、五年生的大树，或直接在现有果园上建设施。

● 中国樱桃树体相对矮小，既适合日光温室栽培，又适合塑料大棚栽培。甜樱桃树体一般比较高大，利用现有大树进行设施生产，需要空间较大的设施。

● 建造大跨度连体日光温室成本相对较高。因此，采用此种形式栽培多采用塑料大拱棚。如山东烟台、青岛等地利用加盖草苦的塑料大棚和连栋大棚进行促成栽培。

● 为提早成熟期，避免低温期低温伤害，一般在设施内装配临时性或永久性加温设备。

● 此模式适用于冬季不太寒冷，借助短期加温即可进行生产的地区。

2. 预备苗和新建园模式

● 先在露地按设施内株行距定植幼树或培育预备苗，按设施结构及空间大小进行整形控制，生长几年具备丰产基础后再建造设施，或将预备苗移入设施内。

● 此模式在冬季寒冷地区以选择日光温室为主；在冬春较温暖地区选择塑料大拱棚和日光温室均可，主要决定于期望果实上市时间。

● 日光温室促成栽培果实成熟期要早于不覆盖保温层的塑料大拱棚。

 **授粉树配置**

1. 授粉树选择

甜樱桃的授粉品种具有一定的选择性。在配置授粉树时，要注意授粉品种与主栽品种之间的授粉亲和力要高，且花期一致。表8—1列出了几个主栽品种的适宜授粉品种供参考。

2. 授粉树的配置方式

● 在一个棚室中，授粉树比例以30%～50%较为合适。如果3个品种混栽，各占1/3为宜。

表 8—1　甜樱桃主栽品种的适宜授粉品种

主栽品种	适宜授粉品种	主栽品种	适宜授粉品种
先锋	滨库、雷尼	美早	先锋、红灯、红艳、拉宾斯、沙蜜脱
雷尼	红蜜、那翁、滨库	红艳	红灯、红蜜、巨红
红蜜	红艳、先锋	沙蜜脱	大紫、友谊、宇宙、奋好、佐藤锦
滨库	黄玉、大紫、早紫、芝罘红	早红宝石	抉择、乌梅极早、那翁、早大果、红灯
大紫	红丰、那翁、滨库、芝罘红	抉择	早大果、早红宝石、红灯、那翁、先锋
那翁	水晶、大紫、雷尼、先锋	早大果	早红宝石、抉择、胜利、先锋
红灯	红蜜、滨库、大紫	胜利	早大果、雷尼尔、先锋、那翁、红灯
红丰	水晶、大紫、晚红	友谊	胜利、早大果、雷尼尔、先锋、红灯
芝罘红	大紫、那翁、红灯、红丰	宇宙	奋好、沙蜜脱、胜利、那翁、先锋
佳红	巨红、先锋、雷尼尔	奋好	宇宙、友谊、沙蜜脱、先锋

注：按授粉试验结实率高低为序

● 授粉树的配置不宜采取中心式配置，采用行内混栽为好。如果采用行列式配置，同一品种不宜连栽 3 行以上，否则易致授粉不充分。

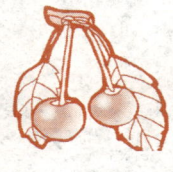 **栽植密度与方式**

1. 栽植密度

● 中国樱桃结果早，树冠小，栽植密度大一些，株行距为（1～1.5）m×（2～2.5）m，每 667 m² 栽植 300～180 株。结果 2～3 年后，再进行间伐。

● 甜樱桃树体高大，栽植密度宜小。一般株行距（2.0～2.5）m×（3～3.5）m，多采用 2 m×3 m。

2. 栽植方式

樱桃设施栽培宜采用南北行栽植方式。

专家提示

樱桃行距大，开花结果年限长，为了提高早期效益，行间暂时还可以加密栽植桃树、草莓等结果早、效益高的果树，以增加前期的经济效益。

栽植技术

1. 整地、施肥

● 定植前可全园撒施优质腐熟有机肥后，进行全园深翻，深度 30～40 cm，有机肥与土混匀，然后按株行距，定点挖定植穴。也可以直接按行距挖定植沟，沟宽 60～80 cm，深 30～50 cm，沟内施腐熟优质有机肥，与土混匀回填，灌大水沉实。

● 起垄栽培时，深翻整地后直接用表层土起垄，垄向与行向相同，垄高 30～40 cm，垄宽 60～80 cm。一般是将樱桃苗直立于地表上，然后用表土培根起垄。

● 有机肥施用量一般为每 667 m² 施用 4～6 m³。挖定植沟栽植或起垄栽植，施肥较集中，要适当减少用量；全园深翻整地，可加大施肥量。

2. 苗木准备与定植

● 选择芽眼饱满、根系发达、无病虫害的健壮苗木。栽植前，苗木根部浸水12～24小时，然后用0.3%的硫酸铜浸根1小时；或用3～5波美度石硫合剂喷布全株；或用根癌宁（K84）生物农药30倍液浸根5分钟消毒处理后栽植。

● 定植方法参见桃树部分。

 **小资料**

优质甜樱桃苗应根系完整，须根发达，粗度5 mm以上的大根6条以上，长度20 cm以上，不劈、不裂、不干缩失水，无病虫害。枝条粗壮，节间较短而均匀，芽眼饱满，不破皮掉芽，皮色光亮，具本品种典型色泽。苗高在1.2～1.5 m。嫁接口愈合良好。

 **定植后当年管理**

● 定植后管理关键是保成活；前期促进营养生长，增加枝量，迅速扩大树冠；后期采取综合措施缓和生长势，促进新梢停长，提高越冬性。

● 定干、套袋、覆地膜，提高苗木成活率。定植后依据设施内不同位置高低差异进行定干，定干高度20～50 cm。如日光温室南端20 cm，依次向北提高干高，至最北部达到50 cm。定干后苗干套塑膜袋保湿，可提高萌芽率和成活率。为提高地温，保持土壤墒情，定植后应尽快覆地膜。

● 加强肥水管理，促进营养生长。当新梢长到 20 cm 以上时，开始浇水追肥。一般至 7 月上旬前追肥 1～3 次。每次每 667 m² 撒施复合肥 10～30 kg，前期宜少，以后逐次加大用量。生长期可多次叶面喷肥。

● 加强夏剪，增加枝量，均衡长势。前期（7 月底前）应促其旺长，利用摘心促生二次枝、三次枝，最大限度地增加枝叶量；利用拉枝加大枝条角度（70°～90°），均衡和缓和生长势，促生短枝。8 月份以后，为提高枝条成熟度及芽的质量，可采用轻摘心或喷施生长延缓剂，控制后期旺长，提高越冬能力。

● 秋施基肥，提高储藏营养。9 月下旬至 10 月中旬进行秋施基肥。施肥量为每 667 m² 施用 3～4 m³ 优质腐熟有机肥，三元复合肥 80～100 kg。采用地面撒施后浅翻 5～10 cm，进行翻盖，然后灌水。

话题 4　设施樱桃管理技术

升温及覆盖物撤除时期

● 不同品种低温需求量不同。中国樱桃的需冷量为 7.2℃以下低温 600～700 小时；甜樱桃需冷量为 7.2℃以下低温 1 100～1 600 小时。

● 日光温室促成栽培可在深秋平均气温低于 10℃时，开始扣棚反保温。在自然休眠解除后即可开始升温。为确保满足需冷量要注意实际需冷量应在理论需冷量基础上加 20% 左右的安全系数。

● 覆盖物的撤除应在果实成熟采收后进行。

整形修剪

1. 整形

目前，设施樱桃生产上运用的树形主要有以下几种。

● **自然开心形** 干高 20～40 cm，树高控制在 1.5～3.0 m，一般要求距棚顶 40～60 cm。全树 3～4 个主枝，呈 30°～40° 角斜向延伸，每个主枝上根据空间大小，留 2～4 个背斜或背后侧枝（或大枝组），单轴延伸，插空排列，开张角度为 70°～80°，其上插空着生中小型结果枝组（见图 8—2）。

● **纺锤形** 主干高度 20～40 cm，树高控制在 1.5～3.0 m。一般要求距棚顶 40～60 cm。中心领导干保持优势生长，中心干上直接着生 6～10 个单轴延伸的小主枝（大型枝组），均匀分布，主枝着生角度 80°～90°，自下而上角度加大。同侧上下重叠主枝间距 30～40 cm，主枝长度由基部 120～150 cm，向上逐渐减少到

图 8—2 自然开心形

60 cm 左右。形成上小下大,上稀下密,外稀内密的结构(参考桃树部分)。

● **篱壁形** 篱壁形立架形式与葡萄的双臂立架相似,将甜樱桃的枝条绑在铁丝架上,形成篱壁形。干高 30～40 cm,主枝 6～10 个,分 2～4 层顺行向绑缚到篱架铁丝上。主枝角度 90° 左右(见图 8—3)。

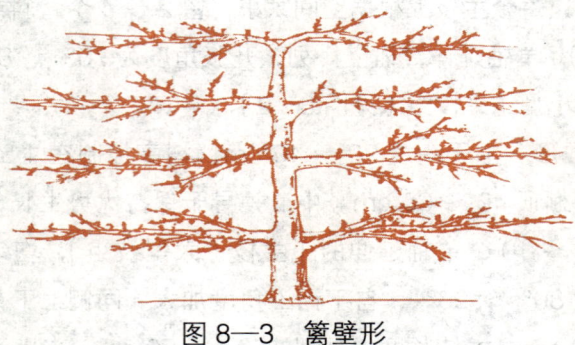

图 8—3 篱壁形

● **丛状形** 中国樱桃设施栽培中常用树形。该树形自地面分出长势均衡的 3～5 个小主枝，主枝呈 30°～35° 角斜向延伸，主枝上直接着生结果枝组。该树形树冠小，结构简单，成形快，结果早。

2. **修剪**

● 樱桃修剪分为休眠期修剪和生长期修剪。

● 休眠期修剪主要是树体结构的培养和调整，以轻剪为主。对生长过高、枝展过长的枝条要进行回缩；对枝量过大、枝条过于密集的，要进行疏枝；对发育中庸的发育枝和结果枝进行短截或缓放。

● 生长季修剪是在生长季采用拉枝、扭枝、摘心、疏剪、回缩及应用生长延缓剂等方法控制枝梢生长量和延伸长度，以利通风透光和花芽形成。

专家提示

生长季修剪量越大对树体营养生长抑制作用越强。设施栽培为了有效控制树体大小，应加强生长季修剪，增加修剪次数和修剪量。

温湿度管理

1. **温度**

● 从开始升温到开花，升温要缓慢平稳。开始升温后，第一周，设施内白天气温 10～15℃，夜间气温 0～5℃；第二周，白天气温

13～17℃，夜间温度2～6℃；第三周白天气温15～18℃，夜间高于3～8℃；第四周后一直到开花期，白天气温17～20℃，夜间5～10℃。

● 升温期应注意提高地温，可在地温较高时即进行反保温及地膜覆盖，埋设地热线或酿热物增温，至开花期地温以达到13～18℃为宜。

● 樱桃花期适宜的温度是18～20℃，夜间不低于6℃。要防止夜间0℃以下的低温和25℃以上高温伤害。

● 果实膨大期，白天气温22～25℃，夜间10～12℃。

● 果实着色成熟期，白天22～28℃，夜间12～15℃，保持昼夜温差约10℃。严格控制白天气温不超过30℃。

2. 湿度

● 休眠期和升温期，土壤湿度以控制在田间最大持水量的60%～80%，空气相对湿度可控制在60%～90%为宜。

● 花期白天空气相对湿度以40%～60%左右为宜。果实发育期至成熟期白天空气相对湿度以50%～60%为宜，土壤含水量控制在田间最大持水量的60%～70%。

肥水管理

1. 施肥

● 基肥施用提倡秋季新梢停长后及早施用，一般采用地面撒施后浅翻的方法施用，施用量为 3 000～4 000 kg/667 m²。设施栽培尽量减少化肥用量。如果有机肥不足确实需要施用化肥，可将化肥全年用量的 1/2～2/3 与有机肥混合后一起作为基肥施用，其余部分进行追肥。

● 追肥以速效性化肥为主。追肥主要有萌芽前至花后追肥和果实采收后追肥。设施栽培应尽量少施或不施化肥，且要减少施肥次数，宜采用缓释的复合肥，施用量为全年 80～100 kg/667 m²。

2. 水分管理

● 土壤含水量保持在田间最大持水量的 60%～70% 为宜。花芽分化开始前为控制营养生长应适度控制灌水，保持在田间最大持水量的 60% 左右。

● 一般在花期和生理落果前不宜灌大水，以防造成落花落果。果实发育后期也应适度控制灌水，以防降低果实品质和裂果。

花果管理

1. 疏花疏果

● 一般在萌芽前疏花芽、花束状果枝和短果枝，可疏掉 1/3 左右的瘦小花芽，保留饱满花芽。

● 花芽萌发后至开花时再疏蕾或疏花，每个花束状果枝或短果枝保留 5～8 朵花。

● 生理落果后再疏除小果、畸形果、光照不良的内膛和枝组背后的下垂果，保留向上或斜生的大果。

2. 促进着色和提高品质

● 改善光照条件。果实开始着色时，尽量延长光照时间；清扫或擦洗采光窗，增加进光量；设施内铺反光膜，挂反光幕，增加散射光和反射光；疏除树冠内遮光和过密枝梢，摘除直接遮盖果实的叶片，摘叶时先摘发黄、残缺叶和小叶，摘叶不宜过重。

● 增大昼夜温差。果实发育后期，提高白天气温，适当降低夜温，保持10℃以上的昼夜温差，可提高含糖量和促进着色。

● 控制肥水，抑制新梢旺长。果实发育后期控制灌水和施用氮肥，适度施用磷钾肥和叶面喷肥，降低土壤和空气湿度，可提高含糖量，促进着色，减轻裂果。

● 设施樱桃果实成熟期不一致，在采收时应该分期分批进行。

病虫害防治

1. 主要病害的防治

● **叶片穿孔病** 结合冬季修剪，剪除病枯梢，清扫落叶、落果，以减少越冬菌源。发芽前喷波美3～5度的石硫合剂，杀死潜伏病菌。发病期喷布60%代森锰锌500倍液；硫酸锌石灰液100～200倍液。细菌性穿孔病严重时可加喷农用链霉素。

● **叶斑病** 萌芽前清扫落叶,翻耕园内土壤,减少越冬病菌数。落花后喷1∶2∶250的波尔多液,15天后再喷一次。也可喷施0.2~0.3波美度的石硫合剂。

● **根癌病** 防止苗木带菌和在重茬、带菌地块建园。苗木定植前用1%硫酸铜浸泡5分钟,或用3%氯酸钠浸泡3分钟,杀死附着在根部的病菌。刮治病瘤,用3%琥珀酸铜胶悬液300倍液或波美5度的石硫合剂处理伤口。利用K84在定植前蘸根或对2~3年生幼树扒开根颈处土壤用根癌宁(K84)30倍液灌根,每株灌1~2kg,可有效防治根癌病。

2. 主要虫害的防治

樱桃树的虫害主要有红颈天牛、桑白蚧、蚜虫、叶螨类等,其防治方法参考桃树部分。

专家提示

设施栽培的樱桃,一般病虫害危害较轻,生产中要加强栽培管理,增强树势,提高抗病能力。发生病虫害时注意用药种类和浓度,以免产生药害和残留。

第九讲　设施草莓安全生产技术

草莓是适合设施栽培的水果,也是目前我国设施栽培面积最大、栽培技术体系最完善的水果。通过设施栽培,实现果品淡季上市,反季节销售,具有较高的经济效益和社会效益。

话题 1　设施草莓生长发育规律

生长特性

草莓是多年生宿根性草本植物(见图9—1)。植株矮小,株丛高度20～30 cm。盛果年龄约2～3年。

1. 根系

● 草莓根系分布浅,主要分布在0～20 cm土层内。因此,浅土层水分对根系生长影响很大。

● 土壤温度是影响草莓根系生长的重要

图9—1　草莓植株

因素，根系开始活动临界温度是 2～5℃，生长的适宜温度是 15～23℃，25℃以上根系生长缓慢，36℃根系停止生长。

2. 茎

● 草莓有新茎、根状茎和匍匐茎（见图9—2）。前两种茎均属地下茎，后者是草莓沿地面延伸的一种地上茎。

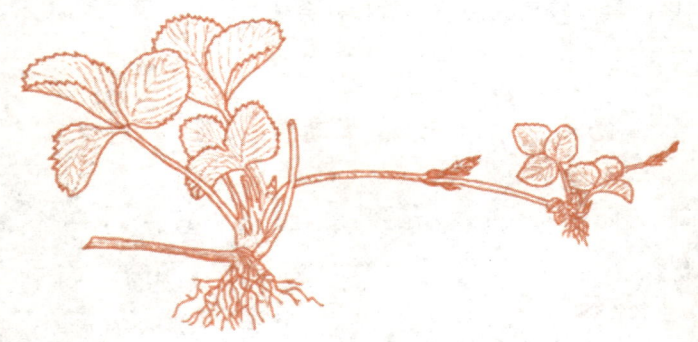

图9—2 草莓匍匐茎

● 草莓当年萌发的茎称为新茎，呈弓背形半平卧状态。新茎节间短，密生叶片。

● 草莓多年生的短缩茎称为根状茎。根状茎是由新茎转化而来，每年加长生长0.5～2.0 cm。一年生新茎上的芽，翌年萌发又抽生新茎，其上叶片全部枯死脱落后，形成外形似根的茎叫根状茎。根状茎是草莓营养物质的重要储藏器官，对草莓春季生长和开花结果有重要作用。

● 匍匐茎是草莓的一种特殊地上茎，由新茎腋芽萌发形成，又称走茎（见图9—2）。匍匐茎与花序是同源器官，是草莓繁殖的重要器官。大量抽生匍匐茎的时期一般在浆果采收之后。

3. 芽

● 草莓的芽分为顶芽和腋芽。顶芽着生于新茎的顶端，向上长出叶片和延伸新茎，秋季形成顶花芽。第二年顶花芽萌发抽生新茎，在新茎上长出3～4片叶后抽生花序。

● 腋芽着生在新茎叶腋，具有早熟性，夏季新茎上的腋芽萌发抽生匍匐茎。秋天新茎上的腋芽可以形成侧生混合花芽，第二年抽生花序。

结果习性

1. 开花坐果

● 草莓每个新茎少则抽生一个，多则抽生数个花序。一个花序上一般着生10～30朵花。草莓品种间花序差别较大，通常为二歧聚伞花序和多歧聚伞花序（见图9—3）。

● 在典型的二歧聚伞花序上，通常是第一级序的中心花最大，并最先开放，其次是两朵二级花，依此类推。同一花序上果实大小与成熟期也不相同。在高级次花序上，有开花不结实现象，成为无效花。

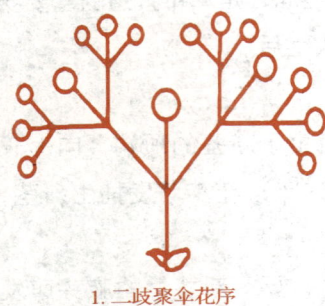
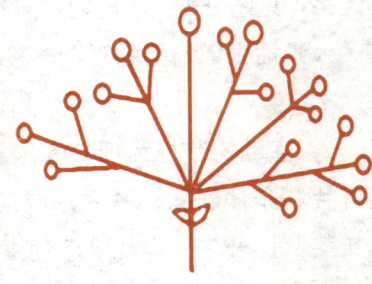

1. 二歧聚伞花序　　　　　　　2. 多歧聚伞花序

图9—3　草莓花序

● 当气温平均达10℃以上时，草莓开始开花。第一级序花先开放，级次越高开放越晚。一个花序可持续20天左右。花药开裂的适宜温度为13.8～20.6℃，相对湿度在80%以下。花粉在开花后2～3日内生命力最强。花粉发芽最适温度为25～27℃。

专家提示

◆ 温度是影响植物性器官发育的重要因子。低温使雄蕊败育。在气温低于14℃时花药散粉很少。一般花期遇0℃以下低温或霜害时，可使柱头变黑丧失受精能力。花蕾抽生后遇30℃以上高温，花粉发育不良。

◆ 草莓能自花结实。但如有蜜蜂授粉则坐果率提高，畸形果减少。

2. 果实发育

● 草莓的果实是由花托膨大形成（见图9—4、图9—5）。果实

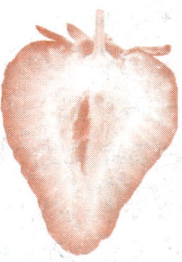

图9—4 草莓花　　　　图9—5 草莓果实

表面附着许多经受精后子房膨大形成的瘦果（种子）。草莓果实增长与种子多少有密切关系。同一果实中，着生种子的部位生长，不着生种子的部位则不生长。如果授粉受精不均匀，就会产生畸形果。

● 草莓从开花到果实成熟需20～60天。果实发育受温度影响比较大，温度低，果实生长时间长，果个大，草莓果实发育期的适宜温度为18～25℃。

3. 花芽分化

草莓在较低的温度（气温17℃以下）和短日照（12小时以下）的条件下开始花芽分化。如哈尔滨地区花芽分化的开始日期约在8月下旬；沈阳地区约在9月上旬；华北地区约在9月中下旬。生产上可采取以下措施促进花芽分化：

● **断根处理**　在9月上旬对假植在平畦里的秧苗，在距苗根茎4～5cm处用小铲挖起成土团，并放在原处。同时摘除老叶。

● **营养钵育苗**　在6月底至7月初把匍匐茎苗定植在口径12cm的聚乙烯小钵内。到8月上中旬，钵内停止施用氮素肥料，有利花芽分化。

● **低温处理** 一般在8月下旬开始,把健壮的秧苗放在10～12℃的冷库里,进行10～15天的低温处理。先将要处理的苗放在稍高于冷库温度的条件下进行预冷锻炼然后移入冷库。

● **遮光处理** 从8月中旬开始,在育苗畦上用黑色遮阳网遮盖,直到9月中旬左右停止遮盖。

● **短日处理** 在草莓花芽分化前2～3个星期(8月下旬开始),利用0.05 mm厚的银色或黑色薄膜把苗畦盖严,薄膜距苗畦80 cm高。每日处理时间是下午4点到第2天早晨8点,连续处理15天以上。

草莓自然休眠习性

1. 草莓休眠特点

(1)草莓的休眠类型 草莓的休眠也有自然休眠和被迫休眠两个阶段。

● 草莓自然休眠不太明显,具有相对性。处于自然休眠的植株,如果给予适当的温度条件,植株也能生长、开花、结果。但长势弱,花柄与果柄短,果实小,不能连续发出花序。

● 生产上常利用草莓这一休眠特性,采取各种措施使草莓不进入休眠期,或提早通过休眠期,或延长休眠期,来改变草莓再次生长的时间，达到延长草莓鲜果错季供应的目的。

（2）不同品种草莓的休眠时间　　草莓不同品种自然休眠时间长短不同，根据草莓所需低温量的多少，把草莓品种划分为寒地型、暖地型和中间型。

● 寒地型，如全明星、哈尼、盛冈 16 等品种，需低温量较多，5℃以下低温需 600～800 小时才能通过自然休眠。

● 暖地型，如春香、丰香、丽红、静香等品种，需低温量较少，5℃以下低温只需 50 小时就能解除自然休眠。

● 中间型品种，如达赛莱克特、宝交早生、新明星、戈雷拉等品种，5℃以下低温需 400～500 小时解除自然休眠期。

2. 打破休眠的方法

● **苗木冷藏**　　把草莓苗放在冷库中进行集中低温处理。生产中草莓苗冷藏温度多控制在 -1～2℃，冷藏时间 1 个月左右。

● **长日照处理**　　先让草莓在露地接受相当于该品种需低温总量的 60% 以上，然后保温，给予补光。可有以下三种补光方法。傍晚补光，在日落后连续照光 2～4 小时；半夜补光，在 23 时至翌日 2 时连续照光 3 小时；间歇补光，从日落到天明每小时照光 5～10 分钟。照光时，每 10～14 m^2 用一盏 100 瓦的白炽灯，灯距地面 1.5～1.8 m。

● **赤霉素处理**　　自然休眠期短的品种喷 1 次，一般品种喷 2～3 次，间隔时间为 7～10 天。喷施浓度为 5～10 mg/L，每株 5 mL，喷施部位为苗心。

温室大棚果树安全种植技术
WENSHI DAPENG GUOSHU ANQUAN ZHONGZHI JISHU

 **小资料**

　　赤霉素在高温下效果好，一般喷施赤霉素时，棚内温度应维持在25℃以上。

话题 2　适宜设施栽培的优良品种

 **红颜**

● 该品种株型高大，花茎粗壮直立。休眠程度较浅。

● 花穗大，花轴长而粗壮。果实长圆锥形，果面和内部色泽均呈红色，着色一致，外形美观，富有光泽。

● 果形大，最大果重81 g，平均单果重26 g，香味浓，酸甜适口，果实硬度适中。

● 耐储运，耐低温，较抗白粉病，但耐热、耐湿能力较弱。

● 该品种具有长势旺，产量高，果型大，口味佳，外观漂亮，商品性好，丰产性好等优点，是目前生产上较理想的促成栽培品种。

 **丰香**

● 日本农林水产省蔬菜试验场以绯美×春香杂交育成。
● 植株生长势强,株型较开张,叶圆而大,叶厚且浓绿。
● 果实圆锥形,平均单果重 11.5～13.0 g,最大果重 35 g。
● 果面鲜红色,具光泽,果实香气浓郁,味甜,可溶性固形物含量 9.1%,耐储运;为早熟品种,休眠浅,早期产量高。
● 易感白粉病,适宜设施栽培。

 **幸香**

● 果实长圆锥形,平均单果重 20 g,最大果重 30 g;果面深红色有光泽;果肉浅红色,香味稍淡,果肉细嫩,风味较浓,可溶性固形物 10%。
● 果实硬度大,耐储性优良。
● 植株生长健壮,株态半直立,适于密植栽培,繁殖系数高,易栽培管理。
● 丰产性优于丰香,不及鬼怒甘,平均株产为 225.5 g,每 667 m² 产量 1 800～2 200 kg。适于设施栽培。

温室大棚果树安全种植技术

 **枥乙女**

- 植株长势强旺，叶色深绿，叶大而厚。平均单果重15 g。
- 果实圆锥形，鲜红色，有光泽，果面平整，外观品质好。
- 果肉淡红，果实汁液多，可溶性固形物9%～11%，酸甜适口，品质优。
- 果实较硬，耐储运性较强，抗白粉病。中熟品种，休眠期短，适宜大棚、温室栽培。

 **宝交早生**

- 植株长势开张，繁殖力强。
- 果实呈圆锥形，果实有颈。平均单果重15 g，最大单果重36 g。
- 种子红色或黄绿色，果面鲜红有光泽，果肉橙红色，味香甜，品质上乘。适于鲜食，也可以加工制酱。
- 早熟，适应各种形式栽培，是与其他品种搭配栽培的理想品种。每667 m² 栽苗8 000株左右，单产可达2 000 kg/667 m² 以上。
- 缺点是果软，不耐运输。

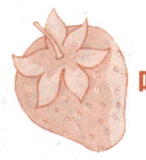 **哈尼**

● 美国纽约州农业试验站1970年杂交育成的中熟品种。株态半开张，株高中等，叶色浓绿，匍匐茎发生较早，繁殖能力强。

● 一级序果成熟期集中，果个中大均匀，平均单果重30 g，果实圆锥形，果面为浓红色，果肉全红，口味偏酸，果实硬度大，耐储运，适宜深加工或速冻等。

● 每667 m² 产2 000 kg左右，适宜各种栽培形式，是建立加工基地的极佳品种，每667 m² 栽苗11 000株。

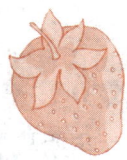 **全明星**

● 植株长势强，株开张，分枝少，叶片椭圆形，较厚，革质有光泽，托叶红褐色。

● 中大果，果实长圆锥形，尖端稍凸，橙红色，有光泽；耐运输，髓心较空，肉质细，甜酸。

● 抗病抗逆性较强，中晚熟品种，适宜温室、拱棚半促成栽培和露地栽培生产。每667 m² 栽植8 000～15 000株。属鲜食、加工兼用品种。

大将军

● 美国培育的大果型早熟草莓品种。植株生长势强壮,叶片大,深绿色,匍匐茎抽生能力中等。

● 果实圆柱形,果个大,最大单果重 82 g,一级果平均重 38 g;果面鲜红色,着色均匀,有光泽,果实耐储性好,适合长途运销。

● 果味酸甜,果实成熟期比较集中。休眠期短,丰产性好,抗病、抗旱、耐高温,适应性强。

达赛莱克特

● 法国达鹏种苗公司育成。植株长势中等,叶深绿色,花期与展叶同步。

● 果实外观美,大果型,鲜红色,果肉红,可溶性固形物 9%~12%,果实硬、耐储运。

● 无效花少,不同级序果个大小均匀,第一级序果平均重 26 g,丰产性好。

● 中熟品种,露地栽培成熟期较全明星提早 1 周,设施栽培较全明星早熟 15 天左右。

- 休眠期较全明星短，较丰香和土特拉长，是温室、拱棚半促成栽培较理想的品种。

 **土特拉**

- 西班牙 PLANASA 种苗公司育成。
- 果形大，丰产，适应性强，对主要病虫害抗性较强。
- 该品种秧苗健壮，移栽后生长旺盛，发苗快，分株能力强，株型大，叶片多，吸收根发达。
- 花托长，果实外观好，鲜亮红色，呈长圆锥形，果实硬，表皮抗压性强，果肉鲜红，质地细致，口味较重，果形大，大果率高，第一级序果平均单果重 29 g，单株产量 350～600 g。每 667 m^2 产量 2 500～4 000 kg。
- 该品种为中早熟品种，同一温室条件下，较全明星早 15～20 天，适合于北方地区温室栽培。

 **草莓王子**

- 植株大，生产势强壮，匍匐茎抽生能力中等。
- 果实圆锥形，果个大，果型整齐，最大单果重 68 g，一级

果平均重29 g，果面红色有光泽，果实硬度中等，果味香甜，口感好。

● 喜湿润冷凉气候，休眠期较长。适合我国北方地区拱棚和露地栽种，也适宜冷藏苗抑制栽培和无土栽培。

● 生产上要避免重茬连作，最好1～2年更换一次种苗，并要求有充足的水肥供应。

硕丰

● 植株矮而粗壮，株态直立，株冠大。叶片中等大小，圆状扇形，叶片厚。

● 果实短圆锥形，果面橙红色，鲜艳。果肉红色，肉质紧密，髓心小，无空洞。平均单果重15～20 g，最大50 g。果肉硬度0.31 kg/cm^2，耐储性好。

● 种子分布均匀，平嵌于果面。

● 对灰霉病具有较强的抗性，对叶斑病、叶灼病的抗性均优于宝交早生。

● 该品种晚熟、果大、丰产。酸度较高，宜加工。

草莓王子植株大,生产势强壮,匍匐茎抽生能力中等。

硕蜜

- 植株直立,生长势强。
- 果实短圆锥形,果大,平均单果重 15~20 g,最大果重 50 g。果面深红色,种子分布均匀,平于果面。
- 果肉和果心都为红色,髓心部稍空,肉质细、韧,汁液多,风味甜酸,品质好。果肉硬度 0.31 kg/cm^2,耐储运、耐热性强,丰产。
- 休眠较深,适于简易设施栽培。

春旭

- 植株长势中等、较开张,匍匐茎抽生能力强,每母株可繁殖匍匐茎苗 100 株以上。
- 果实长圆锥形,果实较大,一级序果平均单果重 15 g,最大果重 36 g。果面平整,鲜红色,有光泽。果实柔软,果肉红色,髓心小,成熟度较高时呈红色,肉质细,汁液多,品质优。
- 种子小,分布细密,不均匀。早期产量高。
- 抗白粉病能力优于丰香。5℃以下低温需求量在 40 小时以内,适合设施促成栽培。

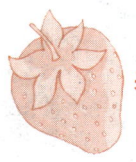
春星

● 植株生长势强、树冠大，较直立。匍匐茎抽生能力强。

● 果实长圆锥形或楔形，大小整齐，果个大，一级序平均单果重30 g，最大80 g。果实鲜红色，果面平整，有光泽，种子黄色，中等大小，稍陷入果面。

● 果肉橘红色，髓心略空，肉质细，汁液多，风味酸甜，香气浓，品质上等。果肉硬度 0.48 kg/cm^2。

● 丰产性好，抗病性强。适合简易设施半促成栽培。

新明星

● 果实圆锥形或楔形，平均果重 24 g，最大果重 56 g；果面鲜红色有光泽；果肉橘黄色，髓心空，果汁较多，风味酸甜芳香。含可溶性固形物 9.8%。耐储运。

● 植株生长势强，株冠较大。丰产，抗逆性强，适合于设施半促成栽培和露地栽培。

● 鲜食加工兼用品种。

话题 3　设施草莓栽培技术

 **栽培方式**

1. 促成栽培

一般选用需冷量低的品种,通过人为创造低温、短日照条件,促使草莓提早花芽分化、提前定植、提早上市;或在草莓低温来临之前,尚未进入休眠期时即开始升温,使其连续开花结果。

一般采用人工智能温室、日光温室、保温塑料大棚等设施,进行草莓的促成栽培,果实可在11月份开始上市,收获时间能延长至翌年5~6月份,产量高,经济效益好。

适宜品种主要有:红颜、章姬、枥乙女、春旭、丰香、女峰、鬼怒甘、幸香、春香、大将军等。

2. 半促成栽培

在自然休眠解除后,再扣棚保温,提前开花结果上市。

可采用塑料大棚、小拱棚或日光温室栽培,草莓果实上市时间较促成栽培晚,一般在春节后上市。

适宜半促成栽培的草莓品种有达赛莱克特、全明星、新明星、草莓王子、土特拉、爱桑塔、宝交早生、硕丰、硕蜜等。

3. 抑制栽培

● 在草莓花芽分化后,采用冷藏秧苗的办法,使其停止生长,延长休眠期,使草莓收获期相对延迟的栽培方式。

● 原则上所有草莓品种均可进行抑制栽培,因抑制栽培的时间不同,品种对抑制栽培的适应程度有差异。

 **定植**

1. 园地选择

● 草莓具有喜光、喜水、喜肥、怕涝的特点,故园地多选择地势较高,地面平坦,土质疏松,排灌方便,光照良好,有机质丰富的壤土或沙壤土种植。适宜pH值为5.5～7.5。

● 草莓忌重茬,前茬作物以豆类、瓜类及小麦为宜,尽量避免与西红柿、茄子、青椒、土豆等茄科作物轮作。

2. 土壤消毒

在种植过草莓的地块最好进行土壤消毒后再行种植。常用的消毒方法有太阳热能消毒和化学药剂消毒。

● **太阳热能消毒** 将土壤深翻,灌透水,土壤表面覆盖地膜或旧棚膜,为了提高消毒效果,建议在覆盖地膜或旧棚膜的同时扣棚膜,密封棚室,土壤温度可达45～55℃,杀死土壤中的病菌和害虫。时间至少为40天,太阳热能消毒在7、8月份进行。

● **化学药剂消毒** 将土壤深翻后,放入氯化苦或溴甲烷,用棚膜密封地面,靠药剂熏蒸消毒,密封7～15天,在夏季高温季节效果比较稳定。

 专家提示

化学消毒注意选择无公害或绿色食品生产允许使用的化学药剂。化学药剂对人、畜都有一定的毒性,使用时要确保安全。

3. 整地、施肥

● 先将上茬作物根、草根铲除净。

● 每667 m² 施腐熟有机肥3～5 m³,复合肥30～40 kg或磷酸二铵30～40 kg加硫酸钾15～20 kg,然后浅翻20～30 cm,土肥掺匀,将地整平。

● 栽苗前2～3天灌水洇地,沉实土壤。

4. 栽植密度与方式

● 设施栽培多采用大垄(高畦)双行的栽培方式,垄台高15～40 cm。

● 促成栽培,一般垄基宽65～80 cm,垄上宽40～50 cm,沟宽40～50 cm,垄上行距20～30 cm,株距15～20 cm。

● 半促成栽培,一般垄基宽80～100 cm,垄上宽40～60 cm,垄上行距25～35 cm,株距18～25 cm。

5. 栽植时期与方法

● 在华北地区可分为花芽分化前的8月中下旬和花芽分化后的10月上旬两个定植时期。

● 苗木栽植深度要深不埋芯、浅不露根（见图9—6）。栽植时将秧苗根颈部与地面平齐，让根系充分伸展，苗的弓背朝向垄沟一侧，这样花序抽出后全部趴伏在高垄两侧坡上，有利于通风透光，减少病虫害，同时便于疏花和果实采摘（见图9—7）。栽后立即浇透水。

● 对于心苗、露根苗、歪倒苗按要求重新栽好。定植后，如遇晴天烈日，最好用遮阳网或苇帘进行遮阳。

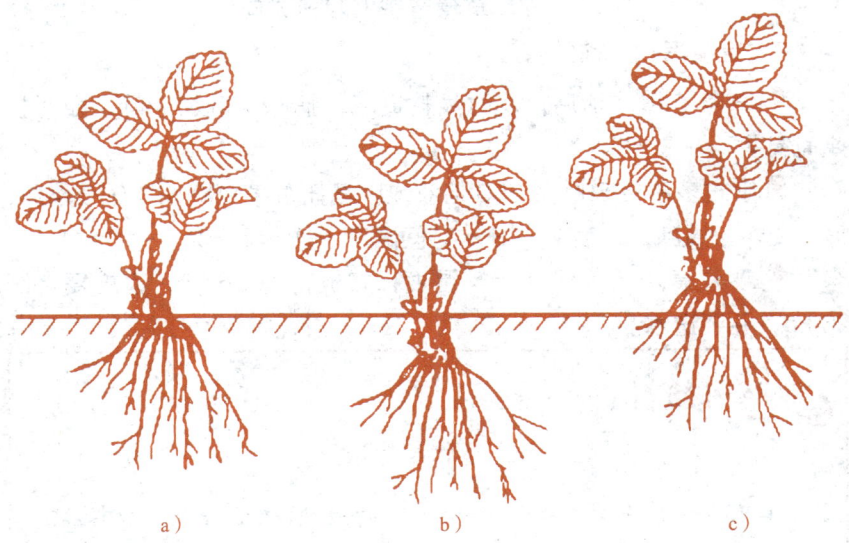

图9—6 草莓苗栽植深度
a) 正确栽植深度　b) 埋芯，不正确　c) 露根，不正确

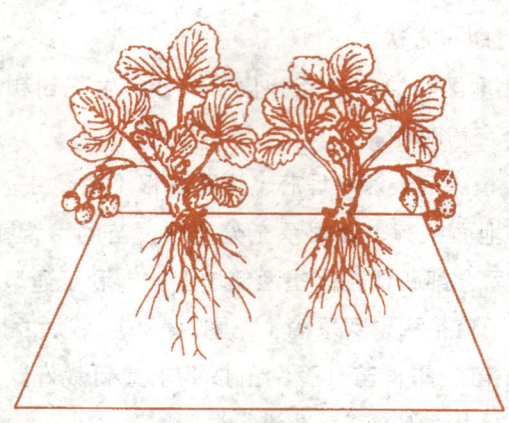

图9—7 草莓苗垄上栽植方向

6. 定植后扣棚前的管理

● 草莓定植成活后,及时浅耕锄草,摘除病叶、老叶,随时掐掉匍匐茎。

● 喷布多菌灵500～600倍液或甲基托布津800～1 000倍液,喷洒要均匀周到,连喷2～3次,间隔7～10天一次。

● 要注意浇水,保持土壤湿度,扣棚前每667 m^2 追施复合肥20 kg,并浇透水。

 小资料

草莓壮苗标准

具有5～6片发育健全、无病虫害的大叶,植株矮壮,叶柄短粗;根茎粗度1.2 cm以上,根系发达,白色新根多且粗壮;单株苗重30 g以上,顶花芽分化完成,无病虫害。

话题 4　设施草莓管理技术

扣棚保温时间

1. 促成栽培

● 日光温室促成栽培扣棚保温时间是在花芽分化后，进入深休眠前进行。一般在外界最低气温降到 8～10℃的时候即可扣棚升温。

● 南方塑料大棚促成栽培覆盖棚膜是在平均气温降到 17℃以下时进行，温度低时在大棚内搭小拱棚保温。

2. 半促成栽培

● 南方塑料大棚半促成栽培在 1 月上中旬以后开始覆盖棚膜升温。

● 北方日光温室半促成栽培在 12 月中旬至 1 月下旬开始升温。

3. 塑料拱棚半促成栽培

● 扣棚升温时间主要考虑草莓现蕾期后设施内是否会出现 0℃以下低温天气，华北地区南部春季温暖，可提早到 2 月上中旬。

● 北部寒冷地区适当推迟到 2 月下旬至 3 月上旬。

温室大棚果树安全种植技术

地膜覆盖

- 日光温室栽培一般在扣棚 10～20 天覆盖地膜。
- 塑料大棚栽培在顶花芽现蕾时覆盖地膜。
- 一般选用黑地膜，地膜厚度 0.008～0.015 mm，膜宽 90～100 cm。在早晨、傍晚或阴天进行地膜覆盖，盖膜后立即破膜提苗，地膜展平后，进行浇水。

环境调控

1. 温度

- **开始保温至现蕾前**　白天适宜温度 25～30℃，最高温度 35℃；夜间 12～15℃，最低 8℃。较高温度有利于促进花芽分化。低于 8℃的低温会诱导植株进入休眠状态。
- **现蕾至开花期**　现蕾期白天温度 25～28℃，最高 35℃；夜间 10℃左右，最低 5℃。夜温超过 13℃，则腋花芽退化。开花期白天 20～25℃，最高 32℃；夜间 8～10℃，最低 8℃。
- **果实膨大期**　白天 18～25℃，最高 28～30℃；夜间 10～12℃，最低 8℃。

● **果实成熟期** 白天 18～25℃，最高 30℃；夜间温度 8～15℃，最低 5～8℃。

塑料拱棚半促成栽培，生产过程是在早春进行，自然界温度逐步升高，光照时间延长。其温度调控除参考促成栽培外，主要考虑极端低温和高温伤害。

2. 湿度

● 花芽分化期土壤含水量 60% 为宜，正常生长期 70%，结果期 80%。

● 浇水时不要直接浇冷水。一般空气相对湿度保持在 60% 以下。

3. 光照

草莓喜光。初冬季节光照不足，可采用补光措施，在前坡后 1/3 处每 2 m 垂一个 60 瓦白炽灯，距地面 1.5 m，盖帘后照至 22 时即可。

肥水管理

● 一般在基肥充足的情况下，追肥 1～2 次。第一次追肥在顶花序现蕾前；第二次追肥在果实膨大期。

● 每次追施氮磷钾复合肥 15～20 kg/667 m^2。

● 追肥与灌水结合进行。叶面追肥可用 0.3% 尿素，或 0.3%～0.5% 磷酸二氢钾，也可喷施光合微肥，一般从现蕾期至果实成熟期，每隔 10～15 天喷施 1 次。

植株调整

● 摘除匍匐茎和老叶 每天要巡视检查,发现长出的匍匐茎和衰老叶、病叶要随时摘除,功能叶每株留 10～12 个。

● 掰芽 在顶花序抽出后,选留两个方位好而壮的腋芽,其余掰掉。

● 去花茎 采果后的花茎要及时去掉。

花果管理

1. 授粉

● 草莓属于自花授粉,如能人工辅助授粉,则果个增大,畸形果减少,可进一步提高产量。

● 改善授粉条件有 3 种方式:一是在一个温室栽 2～3 个品种,互相授粉;二是人工辅助授粉,在开花旺季人工点授;三是蜜蜂授粉,每 667 m^2 放 1～2 箱蜜蜂,开花前 5～6 天提前放入棚内,并放糖碗以喂养蜜蜂。

专家提示

利用蜜蜂授粉时,尽量不喷杀虫剂,如确需打药,应将蜂箱搬出,以防药害。平时要在放风口加遮纱网,防止蜜蜂飞走。

2. 疏蕾疏果

● 疏蕾 每株草莓一般有2~3个花序,多的可达6个花序,每个花序可着生7~20朵花,高级次花开得晚,为无效花或发育成小果。因此,在现蕾期,最迟不能晚于第一朵花开放,把高级次的花蕾适量疏除,让留下的果整齐,果个大,品质提高。

● 疏果 在幼果期及时疏除畸形果、病虫果。一般1个花序留5~7个果。

 **病虫害防治**

1. 主要病害的防治

● 草莓病毒病 实行倒茬轮作;铲除并销毁老病苗;利用脱毒组培技术繁殖无病毒种苗,建立无病毒种苗制度,应用脱毒苗建园;及时有效防治蚜虫、线虫等;化学方法或高温方法进行土壤消毒。

● 草莓灰霉病 早春及时清除枯病老残叶,减少越冬病原菌;蕾期前用50%的速克灵800倍液,50%扑海因500~700倍液,

50%多菌灵500倍液喷雾。

● **白粉病** 及时摘除早期病叶、病果；发病初期用翠康、翠贝或世高、世佳、福星等几种药剂交替喷施，也可密闭棚室使用烟雾剂熏蒸。

● **草莓白斑病** 发病初期喷75%百菌清可湿性粉剂500～700倍液，隔10天再喷一次，可收到明显的效果。

● **草莓褐斑病** 合理密植，及时摘除老叶，保证通风透光；发病期喷75%百菌清可湿性粉剂500～700倍液，或喷70%甲基托布津1 200倍液。

● **芽枯病** 育苗时严禁使用病株做母株。栽植时密度合理，栽植不过深。适度控制灌水。及早拔除病株，通风换气。从现蕾期开始，喷多抗霉素1 000倍液，或用克菌丹800倍液喷施2～5次。每次喷药间隔期7～15天。

● **果实白化病** 白化病是由环境因素和生理失调引起的生理性病害。植株生长过旺，氮肥过多，果实发育期夜温过低，湿度过大，光照不足均可造成病害发生。生产上应加强肥水管理，合理调控温、湿度环境，减轻或避免病害发生。

2. 主要虫害的防治

● **草莓线虫** 建立无病毒苗繁殖基地；进行土壤消毒；在花芽分化前7天或定植前用药剂防治，使用50%硫黄胶悬剂200倍液或10%硫线磷颗粒剂1 500倍液。

● **蛴螬、蝼蛄、地老虎、金针虫** 清除园内外杂草，集中烧毁，

防治白化病，生产上应加强肥水管理，合理调控温、湿度环境，减轻或避免病害发生。

以消灭草上虫卵和幼虫；利用成虫趋光性，可在成虫期用灯光诱杀；可在受害植株附近挖出地老虎或蛴螬，人工捕杀或撒毒饵防治。

● **蚜虫** 开花前喷2 000~3 000倍敌杀死或50%辟蚜雾2 000倍液均有良好的效果。现蕾后如有蚜虫发现，应采取设施内熏蒸法防治，用50%灭蚜烟剂熏治，既可避免果实受农药污染，又能起到良好的防治效果。

● **红蜘蛛** 红蜘蛛主要靠药剂防治，可选用99%矿物油乳油（绿颖）150倍液，或9.5%螨即死（喹螨醚）乳油2 000~3 000倍液。也可选用哒螨灵、克螨特等药剂。另外，叶螨类多在下部叶背越冬，早春及早摘除老叶有预防效果。

● **草莓卷叶蛾** 成虫期用黑光灯诱杀成虫。药剂防治可选择阿维菌素、毒死蜱等杀虫剂。

● **草莓象鼻虫** 早春清除枯叶杂草，消灭越冬成虫；及时摘除并烧毁受害花蕾；花蕾期喷施菊酯类杀虫剂防治，间隔10~15天再喷1次杀虫剂可控制为害。

● **蛞蝓** 地面喷施20%速灭杀丁5 000倍液或2.5%的敌杀死3 000倍液，喷药应主要喷地面或膜下。也可利用蛞蝓白天多在地膜下或土块下栖息进行人工捕杀。

第十讲　设施葡萄安全生产技术

　　葡萄是我国设施果树生产中栽培模式较为规范、栽培技术较为完善的果树之一。实行设施栽培，尤其是促成早熟栽培，其经济效益十分可观，这也是葡萄设施生产迅速发展的首要原因。如河北省滦县棚室葡萄已达 200 hm²，年产量可达 1 000 余吨，平均 667 m² 产值在 1.5～3.0 万元。山东省平度市棚室葡萄近 400 hm²，平均售价 10 元/kg 左右，折合 667 m² 产值 2 万元左右，经济效益十分突出。据不完全统计，全国葡萄设施栽培面积已有 5 000 hm² 左右。尤其在山东、辽宁、河北等地，先后建立了稳固的葡萄设施栽培商品生产基地，其中辽宁省营口地区、河北省唐山地区的葡萄设施栽培面积均超过了 200 hm²，成为我国北方两个最大的设施葡萄生产基地。

话题 1　设施葡萄生长发育规律

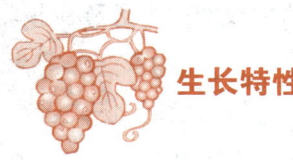

生长特性

1. 根系

- 葡萄根系年生长期比较长，如果土温常年保持在 13℃以上且水分条件适宜，可终年生长而无休眠期。

● 一般根系垂直分布最密集的范围是在 10～40 cm 的土层内。根系一般在 -10℃左右低温下受到伤害，这是寒冷地区葡萄需要埋土防寒的重要原因之一。

>  **小资料**
>
> 　　设施条件下，葡萄根系在土壤温度 6～7℃时开始活动；土温上升至 12～13℃时发生新根，在 15～22℃时生长最快。所以，在设施促成栽培的前期，应注意提高土壤温度。

2. 芽

● 葡萄的芽可分为冬芽、夏芽和隐芽，三类芽在外部形态和特性上具有不同的特点。早春平均气温稳定在 10℃以上时，葡萄的芽开始萌发，随后逐渐伸长，形成新梢。葡萄新梢的叶腋内存在两个芽，即夏芽和冬芽。冬芽一般要经过越冬，翌年春才萌发生长，习惯称为越冬芽。夏芽着生在新梢叶腋内冬芽的旁边，是无鳞片保护的"裸芽"。夏芽具早熟性，不需休眠，在当年夏季自然萌发成新梢，通称副梢。冬芽是几个芽的复合体（见图 10—1）。

● 一般情况下，第二年春季只有主芽萌发，当主芽受伤或者在修剪的刺激下，副芽也能萌发抽梢，有的在一个冬芽内，2 个或 3 个副芽同时萌发，形成"双生枝"或"三生枝"。在生产上为节省储藏养分，应及时将副芽萌发的枝抹掉，保证主芽生长。夏芽抽生的副梢同主梢一样,每节都能形成冬芽和夏芽,副梢上的夏芽也同样能萌发成2次副梢,2次副梢上又能抽生3次副梢,这就是葡萄枝梢具有一年多次生长、多次结果的原因。

● 根据芽萌发后新梢上是否带有花序,将其分成花芽和叶芽两类。带有花序原基的芽称为花芽,否则称为叶芽。花芽是混合芽。

3. 茎

● 葡萄为藤本植物,茎通称枝蔓。茎由节和节间组成。节间有横隔膜,有储存养分和加强枝条牢固性的作用。葡萄茎细而长,髓部较大,组织较疏松。新梢节部稍膨大。节上着生叶片,叶腋内着生芽眼,叶片的对面着生卷须或果穗(见图10—2)。

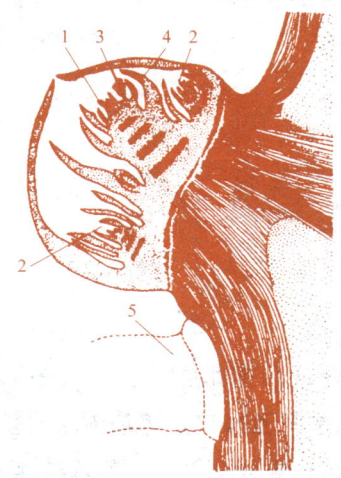

图 10—1　葡萄的冬芽
1. 主芽　2. 副芽　3. 花序原基
4. 叶原基　5. 已脱落的叶柄

图 10—2　葡萄的新梢
1. 结果母枝　2. 结果枝　3. 冬芽　4. 节间
5. 副梢　6. 节　7. 花序　8. 叶片　9. 卷须

- 葡萄新梢生长迅速，一年中能多次抽梢。一般新梢年生长量可达 1～2m 以上。在年生长期中，新梢一般具有 2 次生长高峰。从萌芽展叶开始至开花前为第一次生长高峰。此次新梢生长长势过强、过弱对开花、坐果都不利。新梢第二次生长高峰是以副梢为代表的，当浆果中种子胚珠发育结束后才表现出来，这次生长量一般小于第一次。在高温、秋雨多的地区，8—9 月份还可能出现第三次副梢生长高峰。

专家提示

　　设施葡萄新梢徒长性强，普遍表现为叶片大而薄，光合性能低的现象。要加强设施葡萄的水肥管理，提高营养储备；控制好发育节奏，增强叶片质量；实行补光栽培和二氧化碳气体施肥，以提高光合效率。

结果习性

1. 开花坐果

- 花序　葡萄的花序是复总状花序或圆锥花序，一个花序上可以有 200～2 000 个花蕾。卷须与花序是同源器官，随着树体的营养状况可以相互转化。花序的形成与营养条件有密切关系。营养条件好，花序多，上面的花蕾多；营养条件差，花序发育不完全，花蕾少，有的还带卷须。

● **授粉** 葡萄花有3种类型。完全花（两性花）、雄性花和雌性花（见图10—3）。大多数品种是完全花，有雌蕊和雄蕊，能自花授粉。少数品种为雌性花，雄蕊向下弯曲，花粉不能发芽，必须进行异花授粉。另外，还有一些品种，可以单性结实，即不通过授粉，子房就可膨大而长成果实。

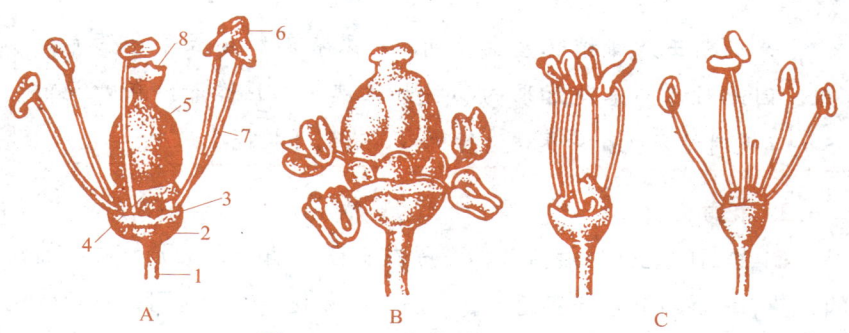

图10—3 葡萄花型与构造
A.完全花：1.花梗 2.花托 3.花萼 4.蜜腺 5.子房
6.花药 7.花丝 8.柱头 B.雌性花 C.雄性花

小资料

花期温度对花的开放有很大影响。在15.5℃以下时开花很少，18～21℃时开花量迅速增加，气温达35～38℃时开花又受到抑制。在26.7～32.2℃的情况下，花粉发芽率最高，花粉管的伸长也快，在数小时内即可进入胚珠。而在15.5℃的情况下，则需要5～7天才能进入胚珠。天气正常时葡萄的开花期多为6～7天。葡萄花粉在-12℃，28%相对湿度条件下，可储存3～4年。

● **花期** 花期气温越高,花期越短。开花期间如遇上低温、高湿,不但花期延长,而且授粉受精不良,影响产量。

 **专家提示**

开花期正是新梢旺盛生长期,结果和新梢生长争夺营养剧烈,因此对容易落花落果的品种如玫瑰香、巨峰等,在开花前5～7天对结果枝和营养枝进行摘心,有利于提高坐果率。

2. 花芽分化

● 葡萄的花芽是混合芽,花序发生在雏梢的3～7节上。葡萄的花芽有冬花芽和夏花芽之分,一般一年分化一次,也可以一年分化多次。葡萄的花芽分化可分为生理分化和形态分化两个阶段。决定花芽分化的是营养状况和外界条件(光照、温度、雨量)的满足状况。营养积累差,外界条件不适宜,如弱光、高湿、低温等,均不利于花芽分化。花芽形成的最适温度为20～30℃。

● 冬花芽分化时间比较长。一般品种大约在开花期前后,随着新梢的生长,新梢上各节的冬芽从下而上逐渐开始分化。进入休眠后,整个花序在形态上不再出现明显的变化。第二年萌芽展叶后花序原始体继续分化,随新梢生长,花序上的小花依次分化花器官。春季的花器官分化,与储藏营养和当年的光和营养积累关系密切。

● 葡萄夏芽萌发的副梢一般不形成花芽结果,如果对主梢摘心,改善营养条件,则能促进夏花芽分化,一般摘心后10～15天即可以分化出夏花序。花穗发育的大小与夏芽萌发前的孕育时间长短有关，孕育时间长，花序大。夏花序分化是二次结果的方式之一。

专家提示

◆ 葡萄的花芽分化与萌芽、新梢生长、开花坐果、浆果发育交叉重叠进行，因此，从萌芽至开花前后及浆果膨大期，需要供应充足的营养物质，同时要进行夏季修剪，控制新梢和副梢旺长，从而促进花芽分化。

◆ 结果枝中下部冬芽是在设施内弱光照、低温条件下形成和发育，花芽分化节位高，质量差，导致设施葡萄促成栽培大小年现象。目前生产中解决设施葡萄隔年结果的方法主要有更新修剪和一年一栽两种方法。

3. 果实发育

● 葡萄花序坐果后形成果穗，果穗上着生果粒。一般盛花后3～15天开始出现生理落果，白玫瑰4天，巨峰5天，玫瑰露8天左右。生理落果主要原因是花器发育不良，异常胚珠，花粉不育，营养不足，树势过旺，营养生长与生殖生长矛盾突出，花期干旱、低温、高湿等异常气候条件等。

● 设施葡萄果实的发育期比露地栽培延长。如乍娜露地栽培从萌芽到果实采收是98天，从开花到成熟是64天。而设施促成栽培，分别是112天和78天。凤凰51、青岛早红、巨峰等品种都有相似的

温室大棚果树安全种植技术

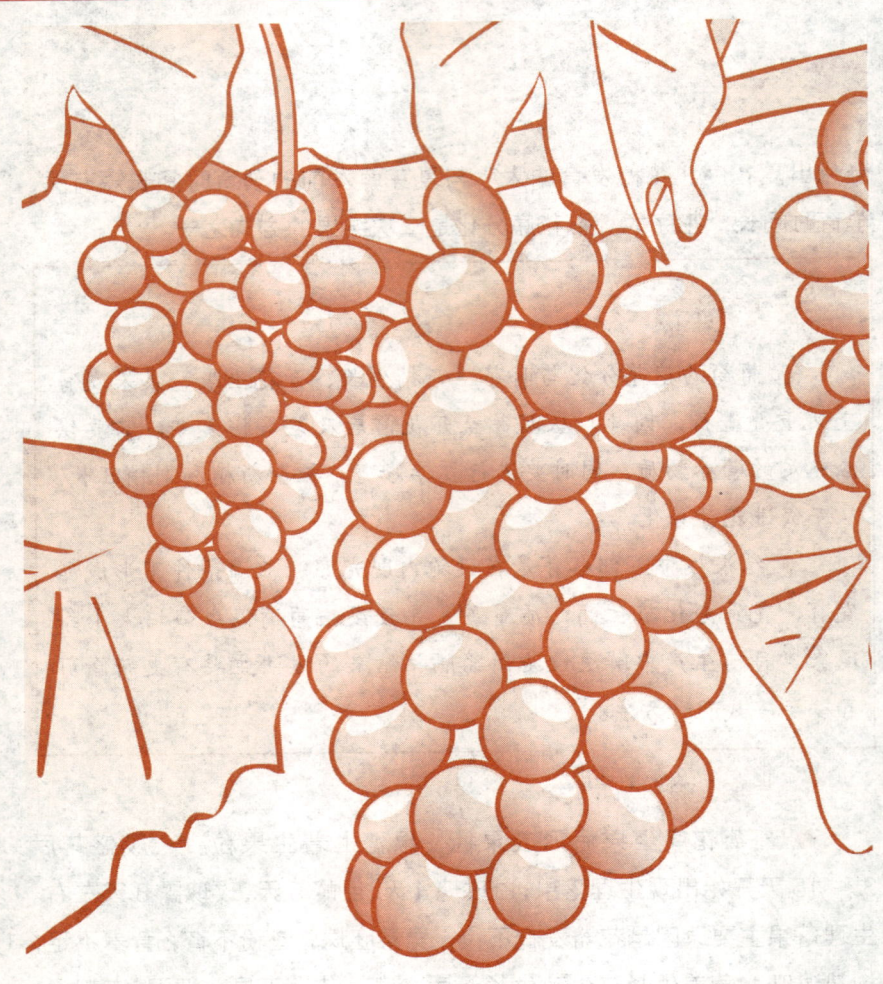

葡萄花序坐果后形成果穗,果穗上着生果粒。

结果。一般设施葡萄果实发育期比露地栽培长 10%～25%。

葡萄对环境条件的要求

1. 温度

● 葡萄为喜温树种。欧亚种品种的芽在 10℃左右时开始萌发。新梢生长最适温度 25～30℃，开花适宜温度为 20～28℃。浆果成熟最适温度为 28～32℃，当温度低于 14℃时，浆果着色不良，成熟延迟，糖度低，酸度高。果实成熟期间昼夜温差大于 10℃时，果实品质良好。

● 葡萄不太抗寒。成熟良好的枝条能耐 -20℃的低温；休眠芽能耐 -17℃的低温；欧洲种葡萄的根在 -7～-5℃时即发生冻害。

专家提示

地温影响葡萄植株的生长发育。提高地温不仅有利于根系的生长，同时也促进地上部的生长发育。设施生产中扣棚时间晚，地温上升慢，影响生长发育，应注意采取措施及早提升地温。

2. 光照

葡萄是喜光植物。在设施条件下，光照条件远不如露地，如栽植密度过大、留枝过多、管理不当，极易造成果园郁闭，影响产量和品质。

因此，设施生产中应选择光照充足的地址建园，并确定合理的株行距及正确的修剪手法，必要时采取人工补光措施。

3. 水分

● 葡萄较耐旱。葡萄在生长初期对水分要求高，到开花时降低。开花时土壤过湿会阻碍正常受精，引起大量落花落果。

● 浆果生长期对水分要求又增高，浆果成熟时对水分要求最低。在葡萄生长期间，土壤含水量在早春萌芽、新梢生长、幼果膨大期以70%左右为宜。浆果成熟前后以60%左右为好。

4. 土壤

● 葡萄对土壤的适应性很广，除重盐碱地外，在其他类型的土壤上都能生长。以土层深厚，土质肥沃，通透良好的土壤为佳。

● 设施生产投入高，在规划建园时，仍应尽可能避免采用理化性状极端不良的土壤，如重黏土、排水不良的涝洼地、含盐碱量过高以及地下水位过高的土壤。一般要求地下水位在1m以下。

话题 2　设施栽培优良品种

设施栽培品种

● 目前鲜食葡萄品种众多，但不是任何品种都适合设施栽培；

露地栽培表现良好的品种，不一定就适合高温、高湿、弱光照和二氧化碳浓度不足的温室环境。目前缺乏设施葡萄栽培专用品种，致使设施生产中成果难、产量低、品质差的问题十分突出。

● 设施栽培品种主要有促成栽培优良品种和延迟栽培优良品种。

● 促成栽培优良品种主要有：山东早红、京亚、京秀、京优、早生高墨、凤凰51、乍娜、巨峰、87－1、矢富罗莎、力扎马特、维多利亚、8611。

● 延迟栽培优良品种主要有：秋红和晚红。

 **山东早红**

● 山东省葡萄试验站以玫瑰香与葡萄园皇后杂交育成。露地7月中旬成熟，果穗圆锥形，中等大小，平均穗重300～500 g。

● 果粒圆形，皮厚、紫红色，单粒重4～5 g，香味淡。丰产。

● 因成熟早而病害较轻。温室栽培，从萌芽到果实成熟需要95～105天。

● 与山东早红相似的还有郑州早红、青岛早红，均为早熟、红色（红紫色）、丰产质优的鲜食葡萄品种，适合促成栽培。

 京亚

● 北京植物园选育的品种。露地 7 月上中旬成熟，穗重 340～450 g，稍紧。

● 果粒椭圆，单粒重 8～11 g。皮中厚，紫黑色。肉软多汁，品质中上。

● 种子 1～2 粒。果实发育期 103 天。

● 抗黑痘病，易感灰霉病，不抗湿。

● 要求较高肥水条件，要充分成熟后采收，否则酸度高。丰产性强，适于中短梢修剪。

 京秀

● 北京植物园用潘诺尼亚×60-33 育成，欧亚种。露地 7 月上中旬成熟，优良的早熟品种。

● 果穗圆锥形，重 513 g，果粒椭圆形，单粒重 6～8 g。皮中厚，玫瑰红色。肉脆，甜度大，酸度低，具东方品种群品质。

● 树势中旺，结果枝率 37.5%，结果系数 1.2，较丰产。抗病性较强。

● 上色早,退酸快,可采收时间长,不易落粒或裂果,耐储运。

京优

● 欧美杂交种,京亚的姊妹系。果穗大,平均穗重580 g,最大穗重850 g,圆锥形。

● 果粒着生中等紧密,平均粒重10.3 g,最大粒重18 g,近圆形或卵圆形,红紫或紫黑色,果皮厚,果肉脆,是巨峰系品种中的脆肉型品种,味甜微酸,微有草莓香味,可溶性固形物含量14%～19%,含酸量0.55%,品质上等。

● 从萌芽到果实充分成熟的生长天数为112～126天,在北京8月中旬成熟。因其上色早,含酸量低,一般可提前10天左右上市。

● 抗病力较强,无日烧,果粒与果肉不易分离,耐运输。棚架或篱架栽培均可,宜中短梢修剪。

● 缺点是有大小粒现象,如及时将授粉不良的小果粒疏去,则可获得果粒整齐、穗形美观、高品质的商品果。

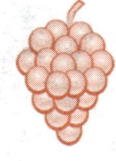
早生高墨

● 欧美杂交种。原产于日本。是高墨的早生芽变。7月下旬成熟,约比巨峰早15～20天。

● 果穗中等大小，平均穗重400～500 g。果粒大，平均单粒重12～15 g，最大20 g，黑紫色，有光泽，肉质硬，耐储运，是巨峰系中较好的大粒早熟品种。

● 在日光温室中，2月中下旬萌芽，5月中旬浆果成熟上市。

凤凰51

● 大连农科所用吉香与巨峰杂交育成的极早熟大粒品种。7月上中旬成熟，穗大，平均穗重850～1 000 g，单粒重8～10 g。

● 果粒紫红色，肉质脆，甜而有较浓的玫瑰香味。坐果率高，丰产，较适合设施栽培。在北京8月上旬成熟，为早熟品种。

● 抗病力中等，不裂果，无日烧。宜篱架栽培，中梢修剪。

乍娜

● 欧亚种。果穗长圆锥形，穗大，平均穗重850 g，最大的1 000 g。果粒大，平均单粒重9.7 g，最大的17 g。

● 果粒紧凑，粉红色。肉脆、多汁、味甜，具清淡的香味，果皮果肉较易剥离。丰产，有裂果。在北京8月上旬成熟，为早熟品种。

● 乍娜在日光温室于1月中下旬萌芽，3月上旬开花，4月中旬果实始着色，5月初浆果成熟。

● 温室栽培中，应特别注意降低湿度，防止病害及裂果。

 **巨峰**

● 欧美杂交种。果穗圆锥形，单穗重300～600 g。粒大，平均粒重10 g，最大的可达20 g。

● 果实皮厚、紫黑色，肉软，味甜多汁，微带草莓香味。

● 从萌芽到果实充分成熟的生长日数为143～146天，在北京8月下旬成熟，为中熟品种。

● 日光温室中4月底至5月中旬成熟上市。

● 缺点是落花落果较重，果穗不整齐。栽培时应控制花前肥水，注意花前摘心、疏穗、修穗和疏粒。

 **87-1**

● 欧亚种。果穗大，平均穗重520 g，最大穗重750 g，圆锥形。

● 果粒着生中密，平均粒重6.5 g，最大8 g，短椭圆形，果皮中厚,紫红至紫黑色,果肉稍脆,汁中味甜,品质上等,含可溶性固形物 15%～16.5%,有浓玫瑰香味。

● 植株生长势中庸,结果枝率达 68%,副梢结实能力强,可一年两熟,较丰产,温室生产连年丰产性好。

● 日光温室栽培,不裂果,无日烧,耐储运,果实于 4、5 月份即可成熟上市。篱架和棚架栽培均可,宜中短梢修剪。

 **矢富罗莎**

● 又称粉红亚都蜜,欧亚种。果穗大,平均穗重 750 g,最大穗重 1 000 g 以上,圆锥形。

● 果粒着生中度疏松,平均粒重 8.5 g,最大粒重 12 g,长椭圆形。果皮中厚,紫红色至紫黑色。果肉硬度适中,较脆,多汁,含糖 15.5%,含酸 0.25%,清甜适口,品质佳。

● 植株生长势较旺,二次结果能力强,适于小棚架栽培,宜中、短梢修剪。

● 在山东平度 7 月下旬即可成熟上市,日光温室生产 5 月初可上市。

● 抗霜霉病、白粉病,不裂果,不脱粒,较耐储运。

 **力扎马特**

● 又名玫瑰牛奶，欧亚种。果穗大，平均穗重 672.5 g，最大穗重 1 500 g 以上，宽圆锥形，无副穗。

● 果粒着生中等紧密或较疏松，平均粒重 10～11 g，最大粒重达 19 g，长椭圆形或长圆柱形，鲜紫红色，果皮薄，肉质脆，汁多，味酸甜，风味极佳，可溶性固形物含量 13%～16.2%，含酸量 0.6% 左右。

● 品质上等。8 月中下旬成熟，为中熟品种。

● 温室栽培果实于 5、6 月份成熟上市。抗病力中等，易感染黑痘病、白腐病和霜霉病，多雨年份有裂果，耐运输。

● 宜棚架栽培，中、长梢修剪。

 **维多利亚**

● 欧亚种。果穗大，平均穗重 630 g，圆锥形。

● 果粒着生中度紧密，平均粒重 9.2 g，最大粒重 12.0 g，长椭圆形，果皮黄绿色，中厚，果肉硬而脆，味甜适口，可溶性固形物 16%，含酸量 0.37%，果皮与果肉易分离，品质佳。

- 河北昌黎8月上旬果实成熟。
- 抗灰霉病能力强，抗霜霉病、白腐病中等，不落粒，耐储运。
- 宜小棚架或篱架栽培，中短梢修剪。

 **8611**

- 又称无核早红，欧美杂交种。果穗较小，平均穗重190 g，圆锥形。平均粒重4.5 g，无核率达85%，近圆形，紫红色，果粉和果皮厚，肉质脆，品质佳，含可溶性固形物14.5%。用赤霉素处理后，平均穗重达410 g，最大穗重达1 100 g。平均粒重9.7 g，最大粒重19.3 g，果粒由圆形变为短椭圆形，无核率达100%。
- 在河北昌黎7月下旬成熟，比巨峰提前40天左右，在日光温室条件下，可于5月份成熟上市。
- 抗病力强，不裂果，不落粒，耐运输。
- 篱架或棚架均可，宜中、长梢修剪。

 **秋红**

- 欧亚种。原产于美国。果穗长圆锥形，果穗平均重700 g左右，最大可达1 500 g。

- 果粒长椭圆形，平均粒重 7 g。果皮深紫色，皮肉易剥离，果肉硬而脆，能切割成片，品质极佳。浆果极耐储运。
- 露地栽培 10 月中旬成熟。适合于设施延后栽培。

晚红

- 欧亚种。又名红地球。果穗圆锥形，平均穗重 500 g 左右，平均粒重 12 g 左右。
- 果皮鲜紫红色，果肉硬而脆，能切割成薄片，香甜适口，品质上佳。浆果耐储运。
- 露地栽培 10 月中旬成熟。适合于设施延后栽培。

话题 3　设施葡萄的规划与建设

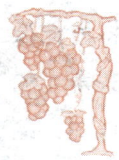

园地选择与改良

- 选择土壤质地良好、土层厚、便于排灌的地片建园并构建设施。

温室大棚果树安全种植技术
WENSHI DAPENG GUOSHU ANQUAN ZHONGZHI JISHU

● 葡萄喜光，平原地区要求周围空旷开阔，东、南、西三面无高大树木、建筑物等遮挡。丘陵和低山区应选在地势开阔、背风向阳、光照充足的南坡。应避开风口、风道、河谷等地带。

● 多棚连片建园，应细致规划，前后棚之间应留6～8 m（温室脊高的2～2.5倍）左右的间隔，以便留出作业通道和避免相互遮阴。

● 建园前要增施有机肥，改良土壤。一般是在定植前，每667 m²施入充分腐熟的有机肥3 000～6 000 kg，进行全园深耕40 cm左右，黏重土壤适当掺入河沙；沙土可掺河泥。

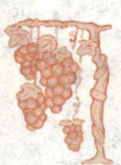

葡萄设施栽培制度

目前，葡萄设施生产一般有一年一栽制、多年一栽制和成龄园保护生产三种模式。

● **一年一栽制** 于第一年春季用普通苗木进行定植，冬季或第二年早春进行葡萄生产，第二年5—6月份浆果采收后立即将植株拔除，再移入新的预备苗定植，以后每年如此。辽宁盖州、山东寿光的温室葡萄，多采用这种模式。该模式可高度密植，植株大小均匀，品种更新快，管理较简便，克服隔年结果，容易优质丰产。缺点是每年都需要大量高质量苗木，成本较高，需要劳力多。

> **专家提示**
>
> 　　一年一栽制需培育预备苗。即每年春季选择优质壮苗，栽入营养钵或编织袋内，集中精细培养成预备苗，5—6月份设施内葡萄采收后，尽早将预备苗带土坨移入设施内。

● **多年一栽制**　一次定植后连续多年进行葡萄生产。这种方式优点是节省苗木和用工。栽培管理好的条件下可连续多年保持丰产、稳产。缺点是管理不好容易早衰，芽眼成熟不好，春天萌芽率低，整齐度差、果穗小而松，大小粒严重，容易出现大小年和隔年结果。河北唐山、山东莱西设施葡萄多采用这种模式。

● **成龄园保护生产**　在现有的成龄葡萄园建设施，进行保护地生产。生产中多利用塑料大棚或连栋塑料大棚进行早春促成栽培，或利用二次果晚秋扣棚延迟栽培。

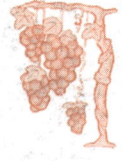 ## 架式与栽植密度

1. 架式

　　设施栽培中，栽植密度远远大于露地，因此，常用架式为篱架。塑料大棚栽培也可用倾斜小棚架。

　　（1）**篱架**　架面与地面垂直，沿着行向每隔一定距离设立支柱，

温室大棚果树安全种植技术

成龄园保护生产多利用塑料大棚或连栋塑料大棚进行早春促成栽培。

支柱上拉铁丝，形状类似篱笆，故称篱架。主要有两种类型，即单壁篱架和双壁篱架。

● **单壁篱架** 单壁篱架的高度一般为 1～2 m。顺葡萄行正中，每隔 5～6 m 立一支柱，每个支柱上拉铁丝 1～4 道（见图 10—4）。

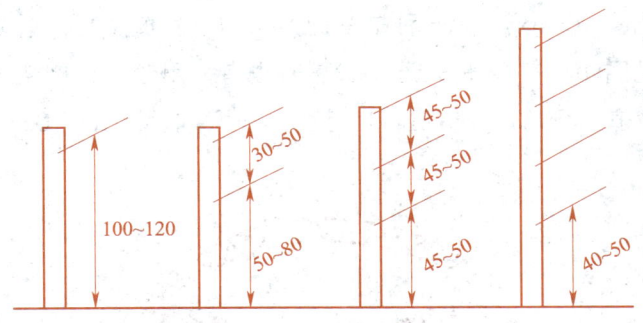

图 10—4 不同高度的单篱架（单位：cm）

● **双壁篱架** 有两种方式，一种是沿葡萄行两侧各设一排支柱（见图 10—5），另一种是顺葡萄行设一排支柱，支柱上依铁丝距离的要求设横杆，横杆两端架设铁丝。

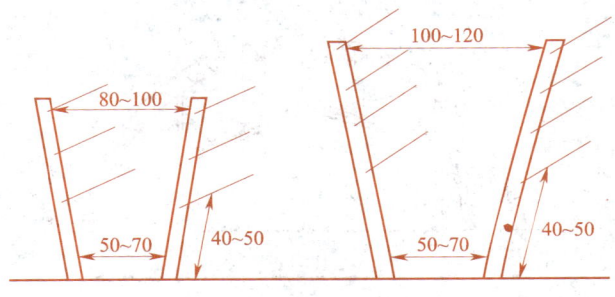

图 10—5 不同高度的双壁篱架（单位：cm）

（2）倾斜棚架　架面高而平坦，枝蔓生长势缓和，通风透光好，便于架下间作。适于生长势强旺品种和宽大的设施。塑料大棚用棚架栽培时可采用两种栽培方式：一是在棚中央1个栽植沟内栽植两行，在栽植沟两侧各设两排立柱，拉好架线后形成两个相反方向的倾斜小棚架（见图10—6）。另一种是在棚的两侧各栽植1行，搭成屋脊式棚架（见图10—7）。日光温室栽培时也有采用倾斜小棚架的，在温室南侧栽植1行葡萄，搭建向北侧倾斜小棚架，约为图10—7的一半大小。

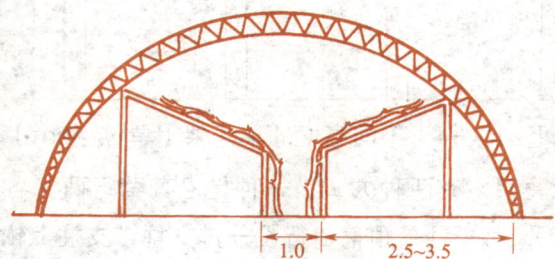

图10—6　大棚内倾斜式棚架（单位：m）

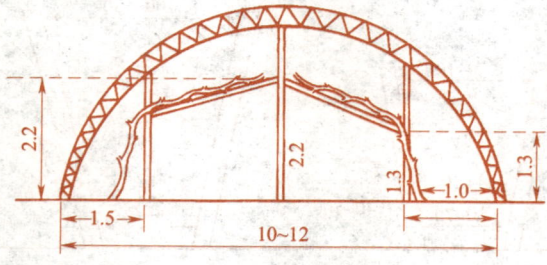

图10—7　大棚内屋脊式棚架（单位：m）

2. 栽植密度

● 设施葡萄的栽植密度没有统一的要求。但设施内栽培密度要远大于露地栽培。

● 目前，普遍采用的密度是株行距（0.5～1.0）m×（1.5～2.0）m，每667 m^2 栽植350～900株；一年一栽制栽植密度大，一般每667 m^2 栽植900～1 000株。多年一栽制栽植密度应小一些，一般每667 m^2 栽植350～450株。按双行带状栽植，双壁篱架整枝，株行距一般为0.5 m×（1.5～2.0）m。

专家提示

设施葡萄篱架栽培和塑料大棚葡萄棚架栽培的行向以南北行向为宜。南北行向受光更均匀，有利于提高光能利用率。设施内东西行向篱架葡萄的北面全天一直受不到直射光照射，南、北面光照强度差异很大。篱架南面果穗成熟早、品质好，而北面果穗成熟晚，品质差，甚至有叶片黄化的现象。

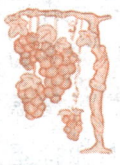

栽植时期和方法

1. 栽植时期

● 葡萄苗在秋季落叶后到第二年春季萌芽前都可以栽植。北方寒

温室大棚果树安全种植技术
WENSHI DAPENG GUOSHU ANQUAN ZHONGZHI JISHU

冷地区如果进行秋栽,则栽后需埋土防寒。因此冬季严寒地区一般适于春栽,入冬前出圃的苗子,要假植过冬。假植时应注意防干、防冻、防过湿和过热霉烂。

● 对于设施内有蔬菜作物的温室,或采用一年一栽制时,可采用预备苗技术进行建园,预备苗移入温室时间一般不迟于6月中旬为宜。

2. 栽植方法

● 选用壮苗 壮苗的标准是根系分布均匀,长度15 cm,直径0.3 cm以上的骨干根4～5条以上,根剪口断面新鲜白色;枝蔓粗壮成熟,茎干高度50 cm以上,距根颈10 cm处茎干粗度0.5 cm以上;芽眼饱满,距根颈45 cm内至少应有4～5个健壮饱满活芽。

● 整地、施肥 定植前在设施内或准备建设施的园址进行深翻整地,全园撒施优质腐熟有机肥后耕翻,深度30～40 cm,有机肥与土混匀。地面平栽也可直接按行距挖定植沟,沟宽40～60 cm,深30～40 cm,沟内回填混入腐熟有机肥的耕作土壤,灌大水沉实。

● 小穴栽植 栽植时挖小穴栽苗。苗木先用清水浸泡1昼夜或浸泡泥浆。定植时要注意保持根系舒展,深浅适宜,根系不与粪肥直接接触,以免烧根。栽植深度以苗木原土印的痕迹与地面平齐为准。定植后留3～4个饱满芽,进行定干。早春栽植后要立即覆盖地膜,苗干套塑膜袋以提高成活率。新梢长至3～5 cm时撤掉塑膜袋。

● 预备苗定植 于初夏或秋季落叶期直接定植于设施内,当年冬季即可扣棚覆盖。生产中多采用初夏带土坨移栽。移栽时间一般不迟于 6 月中旬，否则会影响苗木的生长发育和花芽形成。如果进行秋后定植，直接扣棚生产的应注意精细定植，少伤根系，定植后覆地膜提高地温，并及早扣棚保湿，创造好的环境条件，以缩短缓苗期。

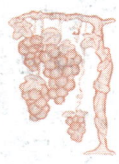

定植当年促长促花技术

定植当年促长促花是实现当年定植、当年扣棚、翌年丰产的保障。

● **浇水施肥** 7 月中旬前追肥 1～2 次，以促进营养生长，前期追肥量宜少，后期适当增加，施肥后立即浇水。叶面喷肥为 0.3% 尿素和 0.3% 磷酸二氢钾，每 10～20 天追施一次，连续 2～3 次。进入 8 月份，控制灌水，促进新梢充实。

新梢停长后至落叶前，及早进行秋施基肥。

● **防治病虫害** 萌芽期应防治金龟子、象鼻虫等害虫，防止啃食芽子、嫩叶。

● **立架与绑缚** 及时设立支架，拉上铁丝，新梢 30 cm 以上时及时引缚枝蔓使其直立或斜向生长，不要让新梢在地面上匍匐生长，可促进枝蔓健壮充实，提高花芽分化质量。

● **加强夏剪，促进枝蔓充实和花芽分化** 当新梢长至 30 cm 时及早摘心，促使基部副梢萌发，以利于副梢整形，并培养副梢为结果母蔓。当副梢萌发后，应根据副梢生长强弱及栽植密度，选留

2～4个作为主梢,多余的及时疏除或摘心。当主梢长到80～120cm时摘心,只留最顶端1～2个副梢,每次留3～4片叶反复摘心。

● **合理冬剪** 落叶后及时进行冬剪。生长衰弱、枝蔓少或纤细的植株,在近地表处进行3～5芽的短梢修剪;生长中庸的健壮枝蔓,可留50cm左右剪留至壮芽,将其绑缚在第一道铁丝。强旺枝蔓进行长枝修剪,以占领空间。结果母蔓上尽量留饱满壮实的冬芽,为扣棚后丰产奠定基础。

话题 4　设施葡萄的安全生产管理

葡萄设施栽培模式

1. 促成栽培类型

在北方由于生育期较短多采用单纯促成栽培的形式,一年收获一次果。根据葡萄从升温到萌芽这段时间对活动积温的要求,可人为安排催芽开始时间和葡萄的生育期,使浆果在人们要求的时间成熟,获得最大的经济效益。

(1) 日光温室促成栽培

● 以日光温室或加温温室等为保护设施。

● 采用反保温和人工集中预冷处理，促进休眠提早解除，提早加温或自然升温。

● 一般在1月上旬至下旬开始加温或升温，5月下旬至7月上旬成熟，约比露地栽培提早成熟1～2个月以上。

（2）塑料大棚促成栽培

● 由于一般塑料大棚没有加温与保温设备，较温暖的地区在2月下旬至3月中旬开始升温，4月中下旬开花，早、中熟品种在7月中下旬成熟。

● 约比露地栽培提早20～30天上市。

2. 促成兼延迟栽培

● 利用葡萄具有一年多次结果习性，既促成又延迟，一年收获二茬果或三茬果。二茬果或三茬果成熟后，还可以不立即采收，利用当时的低温环境条件，延迟一段时间再采收上市。因此，这种栽培类型对于调节葡萄上市时间具有重要意义。

● 该栽培模式除采取上述促成栽培措施外，关键是掌握好诱发二次果的时期和技术。一般多采用强迫冬芽萌发形成二次果的技术。具体做法是在开花后50～60天，在果穗以上6～8节进行摘心或短截处理，并剪去各节上的副梢。过10天左右冬芽即可萌发，结二次果。若同时萌发几个冬芽二次枝，一般只保留其中1～2个花序较大的，其余全部抹掉。在较温暖地区生育期长，可采用这种栽培形式。

专家提示

诱发二次枝时应注意:

◆ 各结果枝及发育枝的生长长度和健壮程度不一致,摘心和短截处理应分2~3次进行。

◆ 为防止影响一次果和枝蔓的成熟,诱发冬芽时以处理不超过50%的新梢为限,且尽量选择结一穗果和没结果的枝梢进行短截。

◆ 短截时剪口下的芽要饱满,呈黄白色才能萌发出较大的花序,变褐的芽不易萌发,新鲜带红的芽虽易萌发,但不易出现果穗。

3. 晚熟品种一次果延迟栽培

● 在早春被迫休眠解除前进行反保温。通过反保温降低温度,延长被迫休眠期。

● 被迫休眠后升温时期主要考虑反保温被迫休眠的可能性、开始升温至开花期温度缓慢上升的可控制性和控制成本。

● 一般反保温后升温越晚,气温越高,控制缓慢升温的成本越高,温度调控难度越大。

● 在延迟栽培中,当秋季气温降至20℃以下时需进行扣棚保温,以保证果实的正常生长发育。

4. 避雨栽培

通过简易防雨棚设施进行防雨栽培。我国南方一些地区,葡萄生育期降雨量大，病害严重，成熟期裂果及烂果严重，通过遮雨棚避雨可防病、防裂果，提高果实品质。

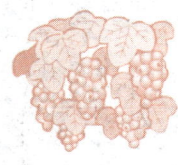

自然休眠与休眠解除

1. 葡萄休眠的特点
● 葡萄自然休眠期长，低温需求量大。
● 早熟品种如乍娜、凤凰51、早生高墨、板田良智等低温需求量平均在850～1 100 CU，而中熟品种如巨峰、龙宝等，低温需求量平均在1 000～1 600 CU。

专家提示

设施葡萄促成栽培一定要在满足需冷量解除自然休眠条件后才可升温或加温。

2. 人工破眠措施
（1）反保温和低温集中预冷
● 生产中常在深秋平均气温低于10℃时，最好在7～8℃时，开始扣棚反保温。多数葡萄品种经过50～60天的反保温进行低温预冷，便可满足需冷量，进行升温生产。
● 有条件的可将葡萄枝蔓顺行向捆绑放于地面上，顺行添加冰块等方法辅助人工低温集中预冷，或利用冷风机、冷库等进行降温。

（2）石灰氮处理

葡萄经石灰氮处理后，可比未经处理的提前20～25天发芽。具体方法参考第四讲。

专家提示

石灰氮处理对破眠有一定作用，但必须掌握好处理时期和方法，在基本满足需冷量的前提下，处理效果才稳定有效。

扣棚时间的确定

● 葡萄的自然休眠期较长，一般自然休眠结束多在1月中下旬。如无特殊处理，最早扣棚时间应在1月上中旬。有条件的应计算需冷量，满足需冷量后升温。

● 寒冷地区日光温室和温暖区塑料大棚促成栽培一般在保证设施内无0℃以下低温后进行扣棚升温。

● 利用二次果延迟栽培时，当秋季外界气温逐渐下降到20℃以下时要及时扣棚保温，以保证二次果或延迟栽培后期果实的膨大。

● 利用晚熟品种延迟栽培的反保温是在早春被迫休眠解除前进行，通过反保温降低温度，延长被迫休眠期。被迫休眠后升温时期的确定主要考虑反保温被迫休眠的可能性、开始升温至开花期温度缓慢上升的可控制性和控制成本。一般升温越晚，控制成本越高，温度调控难度越大。在延迟栽培中，当秋季气温降至20℃以下时需进行扣棚保温，以保证果实的正常生长发育。

温湿度管理

1. 气温与地温

● **升温期** 应缓慢升温，保证地温与气温同步上升。第一周应使气温控制在12～18℃，以后每周上升3～5℃。至萌芽期气温控制在白天20～30℃，夜间10～18℃，保持10℃左右的昼夜温差。

● **新梢生长期** 采取低温度管理，以控制新梢徒长，保证花器充分分化。白天温度保持在22～28℃，夜间最低气温控制在5～7℃，保持10℃以上的昼夜温差。

● **开花期** 花期对极限温度敏感，应特别注意调控。夜间最低温在10℃以上，白天最高温不超过30℃，最适温度25～28℃，以利于授粉受精。

● **浆果生长期** 白天应保持在25～30℃，夜间15～18℃。昼夜温差12～15℃时，有利于浆果着色。此期注意防止设施内高温，当白天温度超过35℃时，会抑制果实发育，应注意通风降温。

● **延迟栽培果实后期生长与成熟期** 当外界气温逐渐下降到

温室大棚果树安全种植技术
WENSHI DAPENG GUOSHU ANQUAN ZHONGZHI JISHU

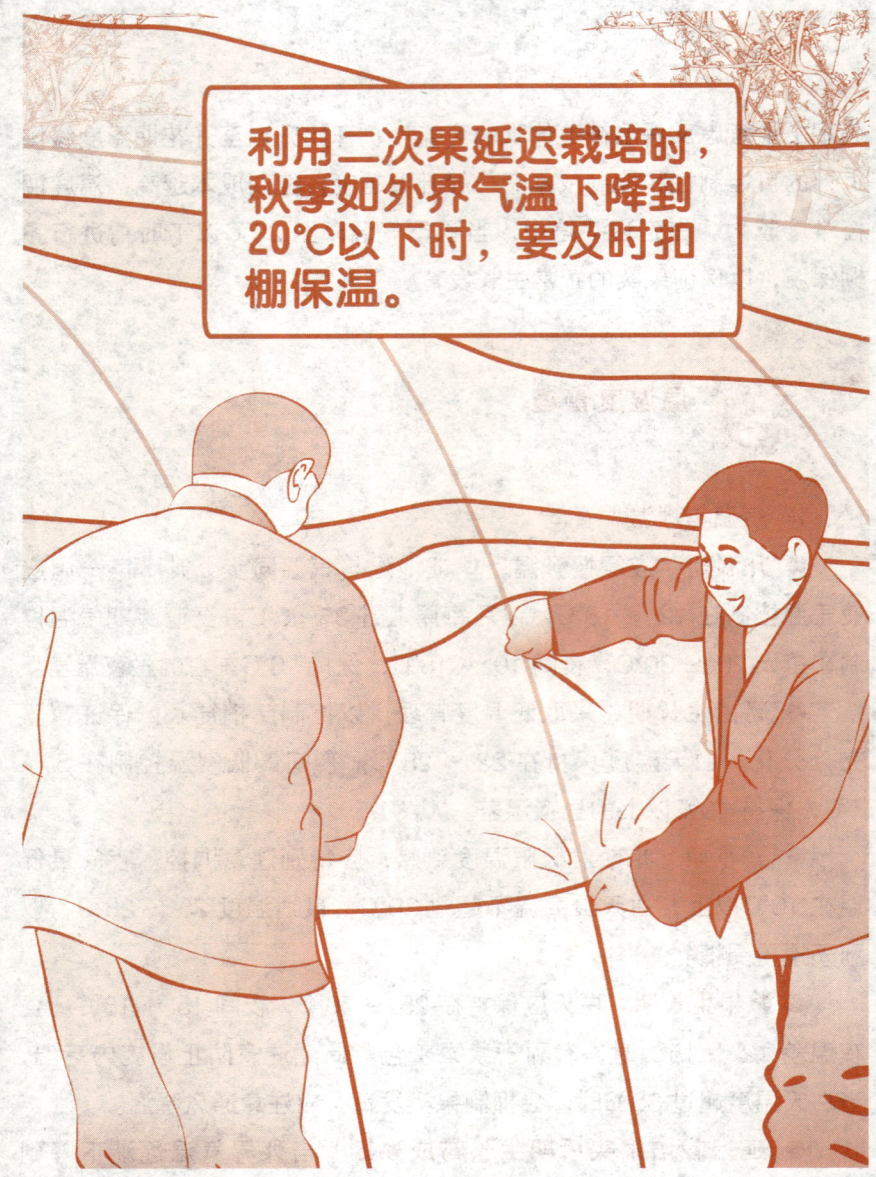

利用二次果延迟栽培时，秋季如外界气温下降到20℃以下时，要及时扣棚保温。

20℃以下时要及时扣棚保温。一般白天保持在22～30℃，夜间12～20℃，在浆果着色成熟期适当加大昼夜温差，促进糖分积累，夜间温度可降到7～15℃。

● **休眠期** 设施葡萄落叶后即进入休眠期。休眠期设施上覆盖的草帘、棉被等覆盖物可不再揭开，控制设施内温度在-6～7℃，温度过低时需对枝蔓和根系进行简单覆盖防寒。

2. 湿度

● 萌芽前后至花序伸出期，空气湿度可适当大些，空气相对湿度60%～80%，均无不良影响；花序伸出后控制在70%左右；花期适度干燥，有利于花药开裂和花粉散出，可维持相对湿度在50%～60%，但过分干燥则影响坐果；其他时期空气相对湿度控制在60%左右。

● 葡萄生育前期土壤湿度以田间最大持水量的60%～80%为宜，浆果着色和成熟期土壤适度干燥，可促进着色，增加糖分积累，减少裂果，提高品质，土壤含水量以控制在田间最大持水量的60%左右为宜。

设施葡萄整形修剪

1. 设施内棚架葡萄整形修剪

● 设施葡萄棚架栽培常采用龙蔓整形。株距1.0 m时，采用两条龙（蔓）整形，株距 0.5 m 时，采用一条龙（蔓）整形，保证架面上龙蔓间距 50 cm 左右。

● 定植当年每株选 1～2 个生长健壮的新梢做主蔓，将其引缚到立架面和棚面上，当新梢长到 1.5～2.5 m 以上时摘心，顶端 1～2 个副梢留 4～6 片叶反复摘心，其余副梢抹除。

● 冬剪时，每条主蔓剪到成熟节位。第二年春萌发后，每条主蔓上选一个强壮的新梢做延长梢，当其爬满架后摘心，控制其延长生长，其余新梢保留结果。冬剪时在主蔓上每隔 15～20 cm 留一个结果母枝并剪留 2～3 个芽，多余的剪除。第三年春萌发后，每一母枝上保留 2 个结果新梢，多余的新梢抹除。如主蔓未爬满架，仍继续选健壮新梢做延长梢。冬剪时，在主蔓上每隔 15～30 cm 选留一个枝组，每个枝组上留 1～2 个母枝，母枝剪留 2～3 个芽。以后各年冬剪时主要是枝组的培养和结果枝更新，每个枝组均留 1～2 个母枝，母枝采用短梢修剪，剪留 2～3 个芽。

2. 设施内篱架葡萄整形修剪

（1）单壁直立式整形　这是应用较多的一种方法，分一年一栽制和多年一栽制。

● 一年一栽制　定植当年每株选留 1～4 条强壮的新梢作结果母枝（数量与栽植株距有关），直立引缚到架面，当新梢长到 80～120 cm 时摘心，只留最顶端 1～2 个副梢，每次留 3～4 片叶反复摘心。冬剪时结果母枝剪留 60～150 cm。

● 多年一栽制　第二年春在母枝基部各选留一个强壮新梢做预

备结果母枝,并疏去其上所有的花序,然后将其绑到篱架上,母枝上其他新梢保留结果。预备母枝按上年培养母枝的方法夏剪。冬剪时从预备母枝上将原母枝(结果后的)剪掉,用新留的母枝代替原母枝,新留母枝剪留长度依架面高度而定,一般 60～150 cm。以后各年依此法反复进行修剪和更新。

(2)单壁水平式整形

● 定植当年每株选留一条健壮新梢,直立向上引缚、摘心和处理副梢。

● 冬剪时,先将每株的一年生枝顺一个方向引缚到第一道铁线上并呈水平状态,然后在两株交接处剪截。

● 第二年春在每株水平枝上每隔 15～20 cm 选留一个结果枝,并向上稍倾斜引缚到上部铁丝上,其余芽和新梢抹去,只在第一道铁丝下部母枝上选一健壮新梢,去掉花序,留作预备枝,并用主干引缚到篱架行间空间。

● 冬剪时,将预备枝以上的原母枝剪除,用新的预备母枝代替原母枝,以后各年依此反复进行(见图10—8)。

3. 生长季修剪

设施内高温、高湿、弱光,容易引起新梢旺长,造成郁闭,影响花芽分化和果实发育。因此,生长季修剪重点是控制新梢的数量和长势,改善光照条件。

● 抹芽定梢　一般从萌芽至开花,可连续进行 2～3 次。当新梢能明确分开强弱时,进行第一次抹芽,并结合留梢密度抹去强梢和

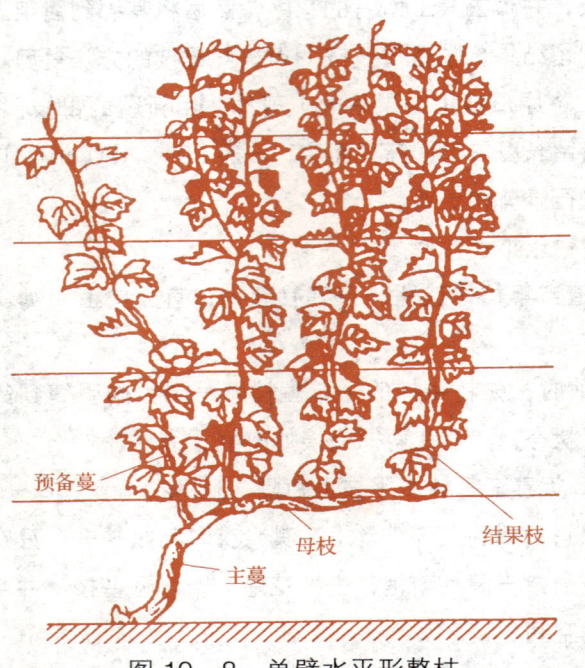

图 10—8 单壁水平形整枝

弱梢以及多余的发育枝、副芽枝和隐芽枝，使留下的新梢整齐一致。留梢密度，棚架一般每平方米架面保留 8～12 个；篱架新梢间隔距离 20 cm 左右。当新梢约 20 cm 时进行第二次抹芽，并按照留梢密度进行定梢，去强弱、留中庸。当新梢长到 40 cm 左右时，结合整理架面，再次抹去个别过强的枝梢。并同时进行引缚，以使架面充分通风透光。

● **引缚** 引缚具有调节树势、枝势，理顺枝梢、整理架面、通风透光的作用。引缚是在新梢长到 40 cm 左右时进行，过早容易折断。

对于已经留下的弱梢，可以不引缚，任其自然生长；强梢可以先"捻"后"引"，或将其呈弓形引缚于架面上，以削弱其枝势。

● **去卷须** 在引缚新梢的同时，对新梢上发出的卷须要及时摘除，以便减少营养消耗和便于工作。

● **扭梢** 设施葡萄往往发芽不整齐，有的顶部芽萌发长到 20 cm 时，下部芽才萌发。为使结果枝开花前长短基本一致，当先萌动的芽长到 20 cm 左右时，将基部扭一下，使其缓慢生长。这样晚萌发的新梢经过 10～15 天生长即可赶上。另外，在开花前对花序上部的新梢进行扭梢，可提高坐果率 20% 左右。

● **新梢摘心** 摘心是花前将新梢的梢尖剪掉，以暂时缓和新梢与花穗对营养的争夺，使养分更多地供应花穗，以保证花芽分化、开花和坐果对营养的需要。一般在花前 4～10 天，花序上留 4～6 片叶摘心，同时去掉花穗以下所有副梢，以增加摘心效果。营养枝也应摘去新梢先端生长点。

● **副梢处理** 果实生长期，也正是副梢萌发生长高峰，要及时处理，以减少养分分流。花前摘心的营养枝和结果枝发出的副梢，只保留顶端 1～2 个副梢，每个副梢上留 2～4 片叶反复摘心，副梢上发出的二次副梢，顶端的 1 个副梢留 2～3 片叶摘心，其余的副梢长出后立即从基部抹去。

● **越夏期选择性回缩更新修剪** 在采果后对处于极性位置的结果新梢和发育枝留 1～2 个芽进行重回缩，利用冬芽萌发的副梢培养第二年的结果母枝；短截的时间越早，部位越低，所形成的新梢生长越迅速，花芽分化越好。采后修剪的时间最晚不迟于 6 月上旬。修剪后应注意土壤追肥和叶面喷肥，促进生长和花芽分化。

花果管理

1. 提高坐果率

● **控梢旺长** 对生长势强的结果梢，在花前对花序上部进行扭梢，或留 4～6 片大叶摘心，可提高坐果率。

● **喷布硼肥** 花前对叶片、花序喷布 1～2 次 0.1%～0.2% 的硼酸或 0.1% 硼砂溶液，可促进坐果。

● **应用赤霉素** 盛花期以 20～50 g／L 赤霉素溶液浸蘸花序或喷雾，可以提高坐果率，促进果实提早上色成熟，一般可提早成熟 10～15 天。

2. 疏穗、疏粒、合理负载

● 花前 7～10 天，结合新梢摘心，进行疏穗和花序整形，生长势强的新梢可保留两个果穗，生长势中庸的留一个果穗，生长势弱的不留果穗。如果是一年一栽制，每个结果枝都留一个果穗。

● 保留的果穗去掉其肩部的副穗，掐去花序先端 1/3～1/5。落花后 15～20 天，进行选择性的疏粒。

● 疏去过密果、畸形果、小果。依据品种单粒重，平均穗重控制在 300～500 g。

3. 促进浆果着色和成熟

● 幼果期套袋，浆果开始着色时，摘掉新梢基部老叶，疏除遮盖果穗的无效新梢，改善通风透光条件促进浆果着色。

● 合理负载，产量控制在每 667 m² 1 500～2 000 kg 以内，控制新梢旺长，有利于果实着色和提高内在品质。

● 在结果母枝基部或结果枝基部进行环割，可促进浆果着色，提前 7～10 天成熟。

● 在果实开始上色时用 300～700 mg/L 乙烯利，加 0.3％磷酸二氢钾喷布或浸蘸果穗，可提早成熟 4～11 天。

专家提示

◆ 从产品质量安全考虑，尽量不用乙烯利等调节剂。

◆ 喷施乙烯利有增加落粒的副作用，可在使用乙烯利的同时加用 10～20 mg/L 的萘乙酸或 10～15 mg/L 的 2，4，5-TP，可消除或减轻落粒。

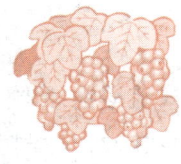
肥水管理

● 设施葡萄施肥应以有机肥为主，减少化肥用量。

● 有机肥施用提倡秋季落叶前及早施用，一般采用树盘地面撒施后浅翻的方法施用，施用量为 3 000 ～ 4 000 kg/667 m^2。

● 化肥一般每年追施 2 次，一次在采果后越夏期及早施入，一次在幼果膨大期。追肥全年用量 80 ～ 100 kg/667 m^2，宜采用缓释的复合肥或缓释平衡肥。可进行多次叶面喷肥。

● 水分管理上，一般在覆盖前充分灌水并覆盖地膜保湿，覆盖期一般不灌大水，如需灌水，最好采用滴灌或行间沟灌，且水量要小。

 **病虫害防治**

在设施内栽培葡萄，高温、高湿的环境条件，容易发生灰霉病、葡萄穗轴褐枯病、白腐病、霜霉病、黑痘病、葡萄虎蛾、二星叶蝉、蓟马等病虫害。

1. 主要病害的防治

（1）霜霉病

● 秋季清扫落叶，剪除病梢，集中烧毁或深埋，减少越冬病源。

● 加强栽培管理，及时中耕除草，降低土壤湿度，合理整枝，使架面通风透光。

● 发病前喷布 1:0.5:200 的波尔多液或 35% 的碱式硫酸铜悬浮剂 400 倍液，每隔 10 ～ 15 天喷布一次，连续喷药 2 ～ 3 次，控制病害发生。发病初期，喷布具有内吸治疗作用的杀菌剂，如 40% 疫霜灵可湿性粉剂 200 ～ 300 倍液，或 58% 代森锰锌可湿性粉剂 400 ～

600倍液。

（2）白腐病

- 生长季节随时剪除病蔓、病果和病叶，集中深埋或烧掉。秋末至早春，刮除病皮，清扫果园。
- 加强栽培管理，提高植株抗病性，及时摘心、绑蔓，使架面通风透光，同时，搞好中耕除草，降低湿度。合理修剪，防止结果过量。提高结果部位，避免造成伤口。
- 发病严重的果园，在发病前可向地面喷布灭菌丹200倍液或3波美度石硫合剂，进行土壤灭菌。发病初期每15～20天喷一次12.5%速保利可湿性粉剂1000倍液，也可选用代森锰锌、甲基托布津、多菌灵等杀菌剂。

（3）穗轴褐枯病

- 加强田间管理，提高植株抗病力，改善通风透光条件。
- 葡萄芽萌动前喷施波美3～5度石硫合剂，铲除越冬病菌。
- 从幼穗抽出至幼果期，喷药2～4次进行防治，可用多菌灵、托布津、速克灵、多抗霉素、宝丽安等杀菌剂。

（4）黑痘病

- 对引进的苗木或种条应进行消毒处理，可用0.3%～0.5%五氯酚钠、3波美度石硫合剂浸泡2～3分钟。
- 加强夏季修剪，改善通风透光条件，提高抗病能力。
- 结合冬季修剪，去除病叶、枯枝、卷须、果穗等，刮去老皮，清扫地面枯枝落叶、果粒、果皮等。

● 在发芽前喷洒5波美度石硫合剂;葡萄展叶后喷石灰半量式波尔多液、代森锰锌、甲基托布津、多菌灵等杀菌剂防治。

(5)灰霉病

● 萌芽前彻底清除落叶、残枝、病果。
● 葡萄生长季节如发现病叶、病花穗等,应及时摘除。
● 改善通风透光条件,降低空气湿度。
● 发病初期可喷洒多菌灵、托布津、代森锰锌等杀菌剂。

2. 主要虫害的防治

● 蓟马　开花前1~2天或初花期进行喷药。药剂可用菊酯类杀虫剂。

● 虎蛾　早春结合葡萄出土上架、整地,在葡萄根部附近及架下挖除越冬蛹;结合葡萄整枝,利用葡萄虎蛾幼虫白天静伏在叶背面的习性,进行人工捕杀;于幼虫初发期喷布菊酯类杀虫剂防治。

● 二星叶蝉　彻底清扫葡萄落叶,减少越冬虫源;生长季节注意及时抹芽、摘副梢、整枝、改善通风条件;发生期喷布菊酯类杀虫剂防治。

 专家提示

　　无公害设施葡萄栽培的关键是做好病虫害的预防工作。可重点在芽前喷布3~5波美度石硫合剂,花前花后用甲基托布津、乙膦铝与波尔多液交替使用,按每10~15天1次进行防治。

第十一讲　设施枣安全生产技术

我国设施枣生产起步晚，目前还处于起步阶段，主要存在以下几方面的问题：一是枣树为喜光树种，设施栽培中由于光照不足导致树体发育不良和果实品质下降；二是为提高坐果率，棚内花期普遍喷施赤霉素等生长调节剂，过量使用生长调节剂，造成果实发育后期落果、风味淡，品质差，商品率低；三是枣树延迟栽培技术不够成熟，阻碍了枣果的周年供应。

话题 1　设施枣生长发育规律

枣树具有成花容易、果实丰产性好等特点，适宜设施栽培。设施栽培有以下3种形式。

● **促成栽培**　即利用日光温室、塑料大棚进行促成栽培，提早枣果成熟和上市时间，果实成熟期一般比露地早20～45天。例如，宁夏灵武市的大泉林场利用温室栽培灵武长枣，第二年株产鲜枣2 kg左右，棚产鲜枣500 kg，折合667 m^2 产量700 kg，成熟期提前45天。

● **避雨栽培**　苹果枣、沾化冬枣等晚熟品种，因采收期大多在晚秋时节，正好赶上绵绵秋雨，裂果50%以上。为预防裂果，果农早采早卖，严重降低了原有的品质，也影响了市场上鲜食枣的形象。采用设施大棚避雨栽培，不仅解决了鲜食枣成熟遇雨而裂的难题，而且增高了糖度，提高经济效益一倍以上。

● **一年多熟栽培** 利用枣树需冷量低和我国南方气温高，生长期长的特点，可实现枣果一年多熟。在我国海南省，设施栽培2～3年生枣树，可实现10月栽植，春节第一次挂果上市，每667 m² 产量达500 kg，五一期间第二次挂果、8月第三次挂果。全年收入可达10多万元。

生长特性

1. 根系

● 一般以地表下15～30 cm范围内细根最多。

● 设施条件下枣树根系分布范围变小。

● 枣根系开始生长的地温为7.3℃左右，20～25℃时生长旺盛，土温降至21℃时生长减缓，至20℃以下则停止生长。

2. 枝、芽的类型和生长特性

枣树有主芽和副芽两种芽，枣头、枣股和枣吊三种枝条（见图11—1、图11—2，图11—3）。

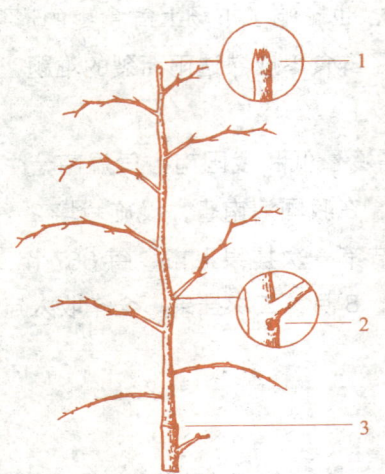
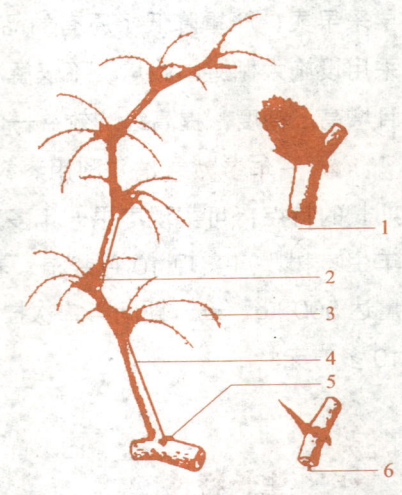

图 11—1　枣头和主芽　　图 11—2　二次枝、枣股和枣吊
1.顶生主芽　2.腋间主芽　3.枣头萌发处　1.老年枣股　2.中年枣股　3.枣吊
4.二次枝　5.枝腋间主芽　6.一年生枣股

●主芽着生在枣头一次枝和枣股的顶端或侧面节部,一般当年不萌发,翌春萌发,形成新的枣头或枣股。

●副芽为裸芽,具有早熟性。随生长各节陆续形成主副二芽,其中枣头上的副芽随形成随萌发成二次枝,枣股上的副芽随形成随萌发成枣吊。

●枣头即一般果树上的发育枝或营养枝。枣头一次枝生长量较大,生长期

图 11—3　枣吊
1.生长期枣吊　2.落叶期枣吊

50～90天；二次枝生长量较小，生长盛期只有15～20天。二次枝停长后，不形成顶芽，翌春先端回枯。

● 枣股即结果母枝。枣股可多年连续生长结果。枣股上可抽生枣吊2～7个或更多。枣股年生长量仅0.1～0.2 cm。一般3～8年生二次枝上生长的枣股结实力最强。

● 枣吊又称脱落性结果枝。枣吊主要着生于枣股上，当年生枣头一次枝基部和二次枝各节也着生枣吊。枣吊一般具10～18节。枣吊每年从枣股上萌发，随枣吊生长，叶片增多，在叶腋间形成花序，开花结果。在同一枣吊上，以3～7节结果最多。

设施条件下，由于肥水充足，高温、高湿，特别是光照差，导致枣树营养生长旺盛，表现为枝条徒长，节间增长，细弱，花蕾减少，坐果率低，果实品质差，果实发育后期落果等问题。

专家提示

设施条件下及时疏除新生枣头或对新枣头进行摘心、控制营养生长，是设施枣丰产优质栽培的关键技术之一。

结果习性

1. 花芽分化

● 枣树花芽具有当年分化，随生长随分化，单花分化期短，分化速度快，全树分化持续期长等特点。

● 一个花序中，先中心花分化，再一级花、二级花、多级花。枣吊上的花芽从基部开始分化，渐及中部和上部。枣股上的枣吊，先萌发者先分化。只要树冠内有新的生长，就有花原始体形成的可能。

● 枣树花芽分化与树体营养状况密切相关。如连续多次掰芽，随掰芽次数增加，当养分枯竭时则枣吊不再萌发。枣树移栽后，一般枣吊基部或中部不具花芽，上部则可开花，即因移栽断伤根系，影响水分、养分吸收，至根系恢复生机，营养状况改善后，则形成花芽而开花。

2. 开花坐果

● 枣花序为二歧聚伞花序或不完全二歧聚伞花序（见图11—4）。其开花顺序为位于花序中心的花（零级花或中心花）先开，然后是一级花、二级花、多级花。枣的花序最多6级，但3级以上花质量差，发育不良而脱落。

● 枣花为完全花，自花结实能力很强。枣花为典型的虫媒花，传粉媒介以蜜蜂为主。

● 枣单花寿命短，在开花当天授粉的坐果率最高，随开花时间延长而坐果率下降。一个品种一般花期可达1～2个月，盛花期约7～10天。盛花期坐果率高。

图 11—4 花序
1. 零级花 2. 一级花 3. 二级花 4. 三级花

 专家提示

设施条件下光照差，温度不稳定，湿度大，常引起花量减少，花变小，坐果率下降。因此如何调控环境条件适应枣树发育需要是枣树设施栽培的关键因素之一。

3. 果实发育

枣花授粉受精后果实即开始发育，由于花期长，坐果期不一致，因而果实生长期长短也不同，但果实停止生长的时间则差不多。果实发育分为三个时期。

温室大棚果树安全种植技术

● **迅速生长期** 枣果发育最活跃的时期,为细胞分裂和迅速生长期。分裂期一般2~3周,细胞迅速生长期因品种不同历时2~4周。

● **缓慢生长期** 果实的各个部分增长速度下降,核硬化完成。一般约4周左右。

● **熟前增长期** 此期细胞和果实的增长均很缓慢。果实已达到一定大小,果皮退绿变浅,开始着色。糖分迅速增加,风味增进,后期果实完熟,具品种特有的色、形、味等。

果实生长发育动态与设施内温度、光照、湿度等气候因素及栽培措施关系密切。适宜的温度、光照和水分条件,促进果实发育,提早成熟;为提高坐果率,使用过量的赤霉素可推迟果实发育和成熟。此外,树体营养、病虫害等对果实发育也有不同程度的影响。

枣树对环境条件的要求

1. 光照

枣树为喜光树种。光照强度和时间直接影响光合作用,从而影响枣树的生长和结果。

> **专家提示**
>
> 设施枣树栽培中,光照调节是极其重要的一个环节。要采取综合措施,确保树体具有足够的光照。

2. 温度

● 枣树是喜温树种，其生长发育要求较高的温度。枣树在日平均气温达 13～14℃时芽开始萌动；抽梢和花芽分化则需 18～19℃以上的温度；日平均温度在 20℃左右进入始花期，22～25℃进入盛花期。枣树花粉发芽的适温为 24～30℃。

● 果实生长期要求 24～25℃以上温度，积温 2 430～2 480℃。枣果成熟期的温度一般为 18～22℃。气温下降至 15℃，枣树开始落叶。枣的需冷量较低，一般为 400～600 CU。

> **专家提示**
>
> 枣树扣棚前应首先促进地温尽快上升，以保证根系先开始生长，否则易出现萌芽早、花芽弱小现象。萌芽前可覆地膜使地温尽快上升。

3. 水分

● 枣树对水分的适应性较强。枣设施栽培中，湿度过大，枝条易徒长，病害加重。湿度过小，树体生长不良。

● 在萌芽阶段和枝叶旺盛生长期温室内空气相对湿度应保持在 70%～80%。

● 花期空气相对湿度应在 60% 左右。

● 果实发育后期应适当控制空气湿度，以免引起裂果和果实品质下降。

4. 土壤

● 枣树对土壤适应性强。对土壤 pH 值的适应性也广，在 pH 值为 5.5～8.5 条件下枣树均能良好生长结果。

● 设施栽培中，肥沃、通透性好的沙壤土或壤土，枣树根系发达，树体生长健壮，结果稳定，丰产性好。

话题 2　适宜设施栽培的优良品种

设施栽培品种类型

● 枣树设施栽培的优良品种分为早熟品种、中熟品种和晚熟品种。

● 早熟品种主要有：乳脆蜜、月光、蜜罐新 1 号、七月鲜、孔府酥脆枣、早熟梨枣、早脆王。

● 中熟品种主要有：大白铃、不落酥、临猗梨枣、辰光、宁夏长枣。

● 晚熟品种主要有：冬枣和沂水大雪枣。

乳脆蜜

● 果实纺锤形，似羊乳头，平均果重 15.7 g，最大 32.8 g。大小整齐。

● 白熟期果皮乳黄色，成熟时果皮阳面鲜红色，完熟时果皮紫红色，果肉酥脆，汁液丰富，脆熟期果实含可溶性固形物 30.2%，鲜食品质极上乘。

● 树冠中大，树姿较开张，萌芽率高，成枝力强，早期丰产性强，花量大，自花结实率 1.1%，适合保护地高密度栽培。

● 果实较耐储藏，常温下货架期 7 天左右，冷藏条件下保存 35 天左右。

 月光

● 果实近橄榄形，单果重 10 g 左右。果皮薄，深红色，果肉细脆、汁液多，酸甜适口，风味浓。

● 白熟期即可鲜食，全红果含可溶性固形物 28.5%，可食率 96.8%。

● 新枣头结果能力强，早果丰产。

● 枝条稀疏，便于管理，适合设施栽培。在河北唐山，不加温的普通塑料大棚中，4 年生 667 m² 产量达 1 200 kg，果实提前 1 个月成熟，且风味极佳。

蜜罐新1号

● 果实长圆形,平均果重8.4 g,汁液多,含可溶性固形物26%～32%,可食率96.5%,口感极甜,肉质细腻,鲜食品质极好。

● 树势中庸,干性较强,树姿半开张,新枣头坐果能力强,花期坐果稳定,丰产稳产。

● 需冷量较低,设施栽培时,12月中旬即度过自然休眠,可扣棚升温。

七月鲜

● 果实卵圆形,纵径5.0 cm,横径3.6 cm,平均单果重29.8 g,最大74.1 g,果个均匀。

● 果皮薄,深红色,肉质细,味甜,含可溶性固形物28.9%,可食率97.8%。

● 树势中庸,树姿开张。早果性强,丰产稳产,不易裂果,适宜矮化密植和设施栽培。

温室大棚果树安全种植技术
WENSHI DAPENG GUOSHU ANQUAN ZHONGZHI JISHU

孔府酥脆枣

● 果实长椭圆形或长倒卵形，侧面略扁，大小整齐，平均单果重 12 g 左右，大果近 20 g。

● 果皮较厚，深红色，肉质细、酥脆，汁中多，甜味浓，稍具酸味，鲜食品质优良。白熟期可溶性固形物含量为 28.0%，脆熟期达 35%～36.5%，可食率 96.5%。

● 树体干性强，枝叶密度中等。早果性强，嫁接当年即可挂果，丰产、稳产。

早熟梨枣

● 果实大，多为梨形，大果为椭圆形或倒卵形，平均单果重 17.8 g，最大 27.0 g。

● 果皮薄，赭红色，果肉绿白色或乳白色，质细松脆，汁较多，味甜，略具酸味，鲜食品质优良。果肉可溶性固形物 21.0%，可食率 95.8%。

● 树势中庸，树姿开张。丰产稳产，不裂果。在塑料大棚栽培当年即有少量结果，第 2 年平均株产 1.7 kg，第 3 年株产 3.9 kg 以上。

早脆王

● 果实卵圆形,平均果重 30.9 g,最大 87.0 g。

● 果皮鲜红,肉质酥脆,汁多味甜,含可溶性固形物 39.6%,可食率 96.7%,鲜食品质优良。

● 树势中强,角度开张,易于管理。早果、丰产性强。

● 抗逆性强,具有较强抗旱、涝和盐碱能力,极少裂果和感染锈病。

大白铃

● 别名梨枣、鸭蛋枣、馒头枣。果实特大,近球形或短椭圆形,平均单果重 25.9 g,最大 80 g。

● 果皮薄,棕红色,果肉绿白色,质地松脆略粗,汁中多,味甜,鲜食品质好。鲜枣含可溶性固形物 33%,可食率 98.0%。

● 树体矮化,成枝力中等;早果速丰,极丰产、稳产,适合设施栽培;耐瘠薄,抗旱,抗寒,较抗炭疽病和轮纹病。

不落酥

- 产于山西太谷地区，果实 9 月下旬成熟。
- 果实大，扁柱形，平均果重 20 g 左右，大小不均匀。果皮中厚，紫红色，果面不平滑。果肉厚，绿白色，肉质酥脆，味甜，汁中多，鲜食品质优良。
- 鲜枣含可溶性固形物 31.8%，可食率 96.5%。
- 树姿开张，结果较早，较丰产。有裂果现象。

临猗梨枣

- 果实 9 月下旬至 10 月上旬成熟，发育期 105～115 天。
- 果实特大，长圆形，平均单果重 30 g，最大 40 g。果皮薄，赭红色，果肉白色，肉质松脆，汁多味甜。
- 鲜枣含可溶性糖 22.3%，可食率 96%。
- 树体较小，干性弱，树姿开张，发枝力较强，早果速丰，稳产，为优良中熟鲜食品种。适应性强。不抗缩果病，且采前落果较为严重。

辰光

- 果实圆形,平均单果重39.6 g,可食率为98.5%。可溶性糖18.3%。
- 果皮红色,果面光滑,果皮薄,果肉白色,质地细腻酥脆,汁液多。
- 早果性强,丰产性好。

宁夏长枣

- 果实长圆柱形略扁,果个较大,平均单果重15.0 g,大小较整齐。
- 果色紫红色,果肉白绿色,质地细脆,汁液较多,味甜微酸,鲜食品质优良。
- 鲜枣含可溶性固形物31.0%,可食率94%左右。
- 早果性较强,丰产稳产。

冬枣

- 果实10月上中旬成熟,生育期125～130天。果实近圆形,平均单果重11.5 g，最大35 g。

● 果皮薄而脆，赭红色，果肉绿白色，酥脆，细嫩多汁，甜味浓，鲜食品质极佳。鲜枣可溶性固形物30%以上，可食率96.9%。

● 树体中大，树姿开张，成枝力强，针刺退化。可做延迟栽培的优良品种。该品种的成枝力强，应加强管理及时疏除新生枣头，保持较好的树体结构和通透性；可采取疏除新枣头、盛花期环剥、喷施赤霉素等措施促进坐果。

沂水大雪枣

● 别名大雪枣、薛城冬枣。山东省果树研究所发现的晚熟大果型鲜食品种。果实近圆形，大小整齐。平均单果重32.1 g，大果重45 g左右。

● 果皮棕红色，富光泽，果肉绿白色，致密，细脆稍硬，味甜，近核处微酸。含可溶性固形物30%～32%，可食率95.1%，鲜食品质上等。

● 该品种早实性较强，可作为延迟栽培的优良品种。

话题 3　设施枣园的规划与建设

园址的选择

● 设施枣园应选择平原地区空旷开阔地带，或利用坡度较缓的丘陵地、光照充足的南坡建园，应避开风口、风道、河谷等地带。

● 选择交通便利、具有一定储藏条件和市场需求的地方建园。

● 园区应远离工矿区、工业污染源、生活垃圾场等，土壤环境、灌溉用水和空气环境符合有机产品对产地的要求。

栽培模式的选择

● 枣树设施栽培模式主要有促成栽培、避雨栽培、一年多熟和延迟栽培等。栽培模式的选择主要考虑产地的气候条件、生产成本、产品产量和市场竞争优势等。

● 高纬度地区，冬季严寒，枣树进入和解除自然休眠早，可以利用日光温室进行促成栽培和延迟栽培。应注意选择抗低温的品种，

温室大棚果树安全种植技术

并且注意覆盖保温。

● 长江以北到北纬40°（北京）以南，或光照充足的新疆阿克苏市及以南地区容易满足需冷量，可以进行促成栽培。利用日光温室或一般的塑料大棚进行促成栽培，夜间用草帘覆盖保温即可，基本不用加温，果实可提前30～40天上市，具有较强的市场竞争力。

● 长江以南地区生长季长，冬季低温时间短，可选用低需冷量品种进行塑料大棚促成栽培或者进行避雨栽培。海南等地，可以利用设施进行一年多熟的枣树栽培。

 **定植技术**

1. 品种与授粉树配置

● 栽培面积大的园区，可充分考虑不同成熟期的枣品种4～6个，以便于销售。面积小的2～3个品种即可；以生态农业、观光采摘为主要销售方式的园区，可将品种数量增加到10个以上。

● 设施栽培可配置一定比例的授粉树。选择2～3个适宜设施栽培的优良品种，相间排列即可。

2. 栽植密度与行向

● 栽植密度与品种、环境条件、树形、管理水平密切相关。

● 生长势弱，早实性好，树冠小的品种，可适当加大密度，采用（0.75～1.0）m×（1.5～2.0）m的株行距；生长量大，成枝力强，树冠大的品种，可采用（1.5～2.0）m×（2.5～3.0）m的株行距。

● 日光温室栽植的行向为南北行，后墙前面留出1.5～2 m的空间，前面留有1～1.5m的空间。塑料大棚栽植行向与棚的走向相同。

3. 定植技术

● **苗木准备** 选择生长健壮的2年生优质苗木建园。在定植前将根系浸水12～24小时，蘸泥浆或放入100 mg/L的ABT-3生根粉液中处理1小时。

● **整地与施肥** 苗木定植前，全园撒施有机肥并对土壤深翻整地，每667 m² 施入腐熟有机肥4 000～5 000 kg，同时加入氮肥和磷肥，每667 m² 施入尿素10～20 kg，过磷酸钙20～50 kg。

● **定植方法** 土壤解冻后到4月中旬枣树萌芽前都可栽植。为提高成活率，春天在保证苗木不发芽的前提下，适当推迟定植时间。

栽植深度要适宜，一般以保持苗木在苗圃地的原有深度为准。栽植时要保持根系舒展，分层填土，分层踩实，使根系与土密接。栽植后随即灌透水，沉实土壤。水渗后及时修整树盘或营养带，覆盖地膜，以提高地温、保持湿度。定植后立即定干。

4. 定植后当年管理

栽植当年枣树处于缓苗期，管理主要目的是以加速生根，缩短缓苗期，促进幼树的生长。

● **保墒** 及时检查枣园土壤的墒情，发现缺水，立即浇水，土壤相对含水量保持在 60%～70% 为宜。

● **除萌** 枣树萌芽后，幼树主干上部芽体正常萌发形成枣头，但也有个别下部芽先萌发的，应及时检查。如上部芽萌发正常的，保留 3～4 个培养主枝，其余全部抹除；上部芽萌发不良，而下面芽生长健壮的，及时截去上部，保持一个下部健壮芽生长，以防形成双干现象。

● **检查成活率及补栽** 在大部分树发芽后，检查成活率，对未发芽的进行补救。秋后对未成活的树及时挖出，补栽。

● **防治病虫** 幼树主要做好枣瘿蚊、绿盲蝽、红蜘蛛、枣锈病等病虫防治工作，保证叶片的健康生长。

● **追肥** 在枝条长到 30 cm 左右时，新根已经长出并有了一定数量的分布，可以追施以氮肥为主的速效肥料一次，每株施 20～50 g 为宜。

● **摘心** 对当年生幼树，在枣头长到 6～8 个二次枝时，要及时摘心，以促使枣头、二次枝的加粗生长，有利于第二年的整形修剪，且使栽植当年有足够的根系生长量。

● **冬季防寒** 栽植当年北方寒冷地区易出现冻害，可采取树干涂白；枣园周围建立防寒墙（用作物秸秆制成）；树下西北方向培月牙形土埂等进行防寒。

话题 4　设施枣树安全生产管理

整形与树体控制

1. 树形选择

● 设施枣树宜采用"Y"字形和柱形。"Y"字形适合高密度栽培，其特点是树冠开张，通风透光好，管理简单，枣果质量好。

● 柱形适合干性较强的品种，其特点是树冠体积大，能充分利用空间，立体结果，管理难度相对大一些。

专家提示

设施条件下光照弱，容易造成结果母枝抽生结果枝少，花量小且花芽质量差，坐果率低。因此枣树设施栽培中光照的调节尤为重要。应通过夏剪，改善通风透光条件。

2. 树体控制

● 设施栽培树高一般控制在 1.2～2.5 m。在棚室内不同部位的树高要灵活掌握，保证群体光照的满足。

- 要相应增加夏剪次数,如临猗梨枣,整个生长季中要集中夏剪3～5次。
- 萌芽期对着生位置不好或过密处的枣头芽及时除萌。
- 第二次,在枣头长到15～20 cm时,对用作培养枝组的枣头及时摘心。小枝组一般保留1～2个二次枝,中型枝组保留3～5个二次枝。一般不培养大型枝组。
- 第三次夏剪在二次枝长到50～60 cm时摘心、木质化枣吊长到30～40 cm时摘心。
- 第四次,在花期对粗壮的枝条进行基部环割,以促进坐果。
- 第五次,在开花坐果期过后,对二次生长的枣头、二次枝、枣吊及新萌枣头再次抹芽、摘心,以控制生长。

反保温、升温及覆盖物撤除时期

1. 促成栽培

- 反保温的时间及开始升温的时间,与枣品种的需冷量和当地的气候条件(温度)有密切关系。在河北唐山市,利用日光温室栽培月光,于11月15日～12月20日扣棚反保温,控制日光温室内的温度在0～7℃之间。12月21日至次年1月20日进行升温。
- 覆盖物的撤除是逐步进行的。在河北唐山市,利用日光温室栽培月光,4月2日至6月1日为花期,5月1日以后可将覆盖大棚的草帘撤掉。白天温度保持在30℃左右，最高温度控制在35℃以下；夜间温度保持在23℃以上。6月1日左右将大棚的全部覆盖物撤掉，温度和湿度基本为露地的气候条件。

2. 延迟栽培

● 室内降温强迫枣树休眠，适宜时间解除处理，从整体上推迟物候期，果实发育期进行设施保护。

● 在枣树生长季，根据市场需求，利用冷库储藏接穗，通过调控嫁接时期，利用嫁接当年发生枝条进行果实生产，在果实发育期进行设施保护。

● 冷库储藏盆栽枣树，适宜时间移到棚内使其生长，果实发育期进入设施保护。

 设施内温湿度调控

1. 温度的调控

枣树扣棚升温前应首先促进地温尽快上升，以保证根系首先开始生长，否则易出现萌芽生长早、花芽弱小现象。盖膜后分阶段进行温度调控。

● 预冷期（反保温期） 采用白天盖草帘遮阳，晚上拉起草帘降温的措施，控制日光温室内的温度在0～7℃之间，以促进休眠解除。

● **升温期** 预冷结束至萌芽前。预冷期结束后的前5天为缓慢升温阶段，然后升温达到要求的温度，白天最高温度不超20℃；夜间温度保持在10℃左右。

● **萌芽生长期** 芽萌动至开花。通过通风调节温度和湿度。白天温度保持在30℃左右，最高温度不超过35℃；夜间温度在15℃以上。

● **开花期** 初花期至末花期。白天温度保持在30℃左右，最高温度控制在35℃以下；夜间温度保持在23℃以上。

● **果实发育至果实采收期** 促成栽培可将大棚的全部覆盖物撤掉，温度和湿度基本为露地条件。延迟栽培，如果后期温度过低则应该覆盖保温，白天温度维持在26～30℃，夜间温度以18℃为宜。

2. 湿度的调控

在湿度调控上应注意以下几点：

● 在枣树扣膜前灌足水，然后对地面全部覆盖，以提高地温，减少蒸发。

● 预冷期、升温期设施内空气相对湿度维持在60%～80%范围也不会有不良伤害。

● 萌芽生长期，土壤含水量大，空气湿度高，会引起枝梢旺长，一般空气相对湿度控制在50%～70%为宜。

● 开花期，空气相对湿度以不低于40%，一般控制在50%～60%之间，有利于开花坐果。

●果实白熟期后要降低空气湿度,相对湿度60%左右为宜,以防止湿度过大,引起裂果和烂果。

提高坐果率技术

1. 改善树体营养

加强土肥水管理,合理修剪,增强树体保护,防治病虫害,提高树体营养水平。

2. 调节营养分配

●采用开甲和枣头摘心的措施调节营养分配。

● **花期开甲** 花期对设施内生长健壮的枣树进行开甲,剥口宽度以1个月内能完全愈合为度,一般3～7 mm,小树和弱树宜窄,大树和壮树宜宽。环剥后伤口可用塑料布包扎。

● **枣头摘心** 一般枣头可留2～6个二次枝进行摘心。摘心强度因品种和树势而异,一般树势强的可重摘心,梨枣等木质化枣吊结果能力强的品种宜重摘心。

3. 创造良好的授粉条件

● **配置适宜的授粉树** 多数枣品种能单性结实和自花结实。但异花授粉能显著提高坐果率。

● **花期放蜂** 于花期(1个月左右),一个设施内放一箱蜂,放蜂期间,要严禁使用对蜜蜂有毒害的农药。

● **花期喷水和喷施蔗糖溶液** 喷水时间宜在大量散粉前期或花粉散完后。据研究，于枣树盛花期上午 8～10 时或下午 16～18 时对枣树喷水 2～3 次，可提高坐果率 30%～60%。盛花期喷布 1%～2% 的蔗糖溶液也可促进坐果。

4. 喷施生长调节剂和微肥

● 于枣树盛花期喷施 10～20 mg/L GA_3、1 000 mg/L B9、10～30 mg/L 吲哚乙酸、10～20 mg/L 2,4-D 均能明显地提高坐果率。

● 硼可促进花粉萌发和花粉管伸长。在盛花期喷布 0.05%～0.2% 硼酸或 0.3% 硼酸钠、300 mg/L 稀土、0.2%～0.3% 硫酸锌均能促进坐果。

5. 控制采前落果技术

于采前 30～40 天喷 1～2 次 10～30 mg/L 萘乙酸钠或防落素（氯化苯氧乙酸），可有效防止采前落果。

肥水管理技术

1. 土壤管理

设施栽培枣树的土壤管理比较简单。每年采果后结合施基肥深翻土壤，保温前灌透水一次，水渗后覆膜。

2. 施肥

● **基肥** 和露地相同，以有机肥为主。在采果后落叶前施入，施肥量每 667 m² 施用优质有机肥 3～4 m³。

● **追肥** 以速效性多元复合肥为主，追肥分两次进行，第一次追肥在盖膜增温前，第二次在幼果期。施肥量各为全年追肥量的 1/2 左右。一般全年追肥用量为 100 kg/667 m² 左右。

● **叶面喷肥** 自展叶开始，每隔 10～15 天一次，花前以氮肥为主，幼果期后以磷、钾肥为主，辅以钙肥。还应注意硼等微肥的施用。

3. 灌水

随施肥全年灌水 3 次。

病虫害防治

1. 病虫害防治原则

● **预防为主，治疗为辅** 加强树体的管理，合理负载，增强树势和树体抗病虫能力。

● **综合防治** 综合利用人工、物理、化学、生物等防治方法，做好病虫害的综合防治工作。

2. 主要病害的防治

● **裂果** 合理修剪，改善树体的通风透光条件；果实发育期喷施生石灰 100 倍液，加少许平平加（表面活性剂）和硼砂 5 000 倍液，每隔 10～15 天喷施 1 次，连喷 2～3 次，即可有效减轻该病的发生；果实发育后期降低空气湿度，雨天覆盖棚膜。

● 缩果病　选育并利用抗病品种建园；加强枣树管理，增强树势，提高树体抗病能力；保持果园卫生，早春刮树皮，清扫落叶、落果等，集中深埋或烧毁；枣树发芽前，树体喷布 3～5 波美度的石硫合剂；从幼果期开始每隔 7～10 天，树冠喷布 50% 的多菌灵 800 倍液，或大生 1 000 倍液等。

● 枣锈病　加强枣园管理，清除落叶，消灭越冬病原菌；幼果期喷 1∶2∶200 倍量式波尔多液，或绿得保 500～800 倍液、保果灵 300～500 倍液、12% 绿乳铜 700～800 倍液进行防治。

3. 主要虫害的防治

● 枣瘿蚊　结合枣树冬季管理挖树盘，消灭越冬虫茧；在越冬成虫羽化前或老熟幼虫入土前，进行地面封闭，在树冠下喷施 50% 的辛硫磷 300 倍液，喷后浅耙，可杀死出土幼虫或老熟幼虫；在幼虫为害高峰期喷施菊酯类杀虫剂防治。

● 绿盲蝽象　枣树萌芽前在树上喷 5 波美度石硫合剂；枣树近萌芽时，树上喷 21% 的杀灭毙乳油 3 000～5 000 倍液，开花前 1 周加喷 1 次；虫口密度大时，喷药杀灭成虫，减少产卵量。

桃小食心虫、叶螨等也是枣树主要害虫，防治方法参考桃树部分。

温室大棚果树安全种植技术
WENSHI DAPENG GUOSHU ANQUAN ZHONGZHI JISHU

防治缩果病应注意保持果园卫生，早春刮树皮，清扫落叶、落果等。

专家提示

无公害生产中，应尽量少施化学肥料，多施优质有机肥。在农药防治上，要按照国家标准，严禁使用禁用农药。且要按照科学原则防治，在关键时期用药，力求事半功倍的效果，以减少药害。不得不用药时尽量选用短效期药，以保证在采收前已分解对人体不造成危害。